物を作って
生きるには

23人のMaker Proが語る仕事と生活

編 = John Baichtal
訳 = 野中 モモ

© 2015 O'Reilly Japan, Inc. Authorized translation of the English edition.
© 2015 John Baichtal. This translation is published and sold by permission of Maker Media, Inc., the owner of all rights to publish and sell the same.

本書は、株式会社オライリー・ジャパンがMaker Media. Inc.との許諾に基づき翻訳したものです。日本語版の権利は株式会社オライリー・ジャパンが保有します。日本語版の内容について、株式会社オライリー・ジャパンは最大限の努力をもって正確を期していますが、本書の内容に基づく運用結果については、責任を負いかねますので、ご了承ください。

本書で使用する製品名は、それぞれ各社の商標、または登録商標です。なお、本文中では、一部のTM、®、©マークは省略しています。

Maker Pro

Altman, Baichtal, bunnie, DiResta, Dyba,
Gauntlett, Gentry, Hord, Jankowski,
Klingberg, Kravitz, Krumpus, Meno, Petrone,
Smith, Solarz, Tremayne, Wang, and Wolf

Foreword by Joey Hudy

SEBASTOPOL, CA

目次

	序 ‖ ジョン・バイクタル	007
	はじめに ‖ ジョー・フーディ	011
01	‖ 無職のやりかた ‖ ウェンディ・トレメイン	015
02	‖ INTERVIEW ‖ エミール・ペトロン（Tindie）	027
03	‖ メイカーシーンとともに進化する ‖ アレックス・ダイバ	039
04	‖ メイキング・イット ‖ ジミー・ディレスタ	053
05	‖ 制約の力 ‖ マイケル・クランプス	065
06	‖ メイカースペースは旧来のアーティスト・スタジオを時代遅れのものとしたか？ ‖ スーザン・ソラーズ	077
07	‖ 君のメイカーシェルパを連れて行け ‖ ロブ・クリングバーグ	089
08	‖ 僕はメイカーじゃない、ビルダーだ ‖ ジョー・メノ	105
09	‖ 実店舗をハックする ‖ アダム・ウルフ	113
10	‖ INTERVIEW ‖ ザック・スミス（MakerBot Industries 共同設立者）	131
11	‖ 好きなことをして生計を立てる ‖ ミッチ・アルトマン	149
12	‖ あなたはバイオキュリアス？ ‖ エリ・ジェントリーとティト・ジャンコウスキ	161
13	‖ INTERVIEW ‖ クリス・"アキバ"・ワン（Freaklab）	173
14	‖ 作ることにはあなたが思っている以上に大きな力がある ‖ デヴィッド・ゴーントレット	187

15 ‖ サプライチェーンは人間だ ‖ アンドリュー・"バニー"・フアン　　201
16 ‖ 生活のためだけの仕事を辞めよう ‖ ソフィ・クラヴィッツ　　213

　　　日本のMaker Proから　　　　　　　　　　　　　　　223
17 ‖ ワンボックスカーで旅立つ理由 ‖ ヒゲキタ　　225
18 ‖ 七転び八起き妄想工作所 ‖ 乙幡啓子　　241
19 ‖ INTERVIEW ‖ 山田斉（工房Emerge＋）　　251
20 ‖ 作るを作る ‖ テクノ手芸部　　261
21 ‖ INTERVIEW ‖ 石渡昌太（機楽株式会社）　　271
22 ‖ INTERVIEW ‖ 湯前裕介（株式会社ホットプロシード）　　285

　　　訳者あとがき ‖ 野中モモ　　　　　　　　　　　299

序

　レゴ・ファンのあいだには、「暗黒時代（ダーク・エイジ）」という概念がある——あの小さなプラスチック片への愛情を失い、職に就く、パートナーを見つける、教育を受けるといった一見もっと重要に感じられる事柄に興味を向ける時期のことだ。
　興味が移り変わるにつれ、きみのレゴのコレクションは、時には何年にもわたって、地下室でみじめに時を過ごす。そしてついにはママのガレージセールやいとこの家に行き着くのだ。暗黒時代に突入した人々は、自分にはおもちゃなんかで遊ぶ時間はないのだと思い込む。諸々の責任が趣味を圧倒し、レゴブロックは大人げない情熱と結びついたものとされる。
　そんな時期にもずっと、きみのレゴへの愛は決して完全に消えてしまうことはない……そして、自分で気づくより先に、それは全力で戻ってくるのだ。友達か親戚がおふざけのプレゼントとしてレゴを贈ってくるかもしれない。不要品セールでバケツいっぱいのレゴを見かけて、抵抗できなくなるかもしれない。なんにせよ、レゴで何かを組み立てるのは楽しいかも、という考えがふたたび心に浮かんでくるのだ。
　こうして、暗黒時代は終焉を迎える。
　こうした大人のビルダーたちは、かつて楽しんだ創造的な楽しみを取り戻せるということだけでなく、それが想像していた

よりもはるかに良いものだということを発見する——大人の熟練と財力をもって、子どもの頃の自分がびっくり仰天するようなプロジェクトを実現することができるのだ。彼らはルービック・キューブを解くロボットを設計し、伝説の戦艦を再現し、洗練された乗り物など無数の挑戦的なプロジェクトを作りあげてみせる。

メイキングと創造的なおもちゃで遊ぶことのあいだにつながりを見出すのはそう難しいことではない。ビルディング・セット（建築おもちゃ）とモジュラー・エレクトロニクス（組み合わせ式電子工作製品）は、レゴのスナップ式組み合わせの要素とロボット用拡張機能製品を模倣している。しかし、レゴ同様、人には作ることをやめ、落ち着いて大人になるという仕事に取り組む時が訪れる。科学実験セットは地下室の別の箱の下に押し込まれ、ハンダごては使われないまま道具箱の底に収まってしまう。

しかしメイカーの暗黒時代はレゴの暗黒時代と同じように終わりを迎える——書店で「Make:」を手に取ってぱらぱらと見てみる、または地元のハッカースペースを訪れてみるのをきっかけに。ちょっとメイキングに手を出してみれば、くらくらすること請け合いだ。きみはArduino（アルドゥイーノ）のスターターキットかRaspberry Pi（ラズベリーパイ）を買ってみるかもしれない。ハンダ付けやプログラミングのやりかたを学ぶことになるだろう。あらゆるプロジェクトは、前回のプロジェクトよりも少しだけ難しいけれど、やりがいのあるものだ。

やり続けるうちに、不思議なことが起こる。ツール（たとえば電子工作のプロジェクト）を組み立てるうちに、まるごと全部

自分で作るのも簡単にできるのではないかという考えが浮かぶのだ。それは欲深さからではないし、キットを販売することで生計を立てようと期待しているわけでもない——少なくとも最初の時点では。とはいえ、一部の人々の前には、そうした幸運が現れる。もしかしたら定職に就いたまま、すべての自由時間をそれに費やすことになるかもしれない。

そしてきみは仕事を辞め、メイカープロ（Maker Pro）になるのだ。

これは、「ホビー」を超越して、それによって生きることにした人々を祝福する本である。執筆者とインタビューを受けている人々のほとんどは、自営業か、もしくはそれに近い存在だ。彼らは製品を販売しているが、残りの時間は新しいハードウェアとソフトウェアについて学び、彼らが発見したものを活かした美しいプロジェクトを作ることに費やしている。

これは未来なのだろうか？　僕たちの長椅子やランプや時計を製造するのに、たくさんの職人（アルチザン）的メイカーたちが頼られる世の中が訪れるのだろうか。僕にはわからない。しかし僕は、自分がこの手工芸復活の動きの一部となっていることに、興奮を覚えている。

そういうわけで。きみの暗黒時代を終わらせよ。何かを作り、成長し、学習し、そしてもしかしたらいつの日か、星がうまく巡ったならば、きみもプロになるのだ。

——ジョン・バイクタル

はじめに

　ハロー。ぼくはジョー・フーディ。メイカーです。
　ぼくがメイキングをはじめたのは4年前のこと。その頃は段ボールと古いおもちゃでいろいろ作ってたんだ。投石機とか、コイン落としとか、ドア開け機とか、そういう段ボール工作。ある日ぼくのお母さんが、エレンコ・エレクトロニクスという会社に電話して、スナップサーキットについて問い合わせてみた。スナップサーキットは、要は組み立て式の電子回路のこと。電話の向こうにいたのはジェフ・コーダという人。ジェフはぼくがより良いメイカーになるために力を貸してくれた。彼はぼくに、ハンダごての最初の1本と、試しにハンダ付けできる製品をいくつか送ってくれたんd。これはものすごくためになって、ぼくは電子工学の世界を学べるようになった。
　しばらくハンダ付けをしたり電子工学について学んだりしていると、ジェフはぼくのお母さんに、ぼくたちがMaker Faire（メイカーフェア）に行ったことがあるか尋ねた。その時点ではまだ行ったことがなかったし、お母さんはそれが何なのかも知らなかった！　ジェフはぼくを連れて行くよう母を急かし、ついにはチケットを送ってきて「これで行かなくちゃいけないね」と言いました。その時ぼくは、マシュマロを飛ばすエアキャノン「エクストリーム・マシュマロ・キャノン」を作っていて、

これを展示することに決めた。

　はじめてMaker Faireに行った時、これこそがぼくがいるべき場所だとわかった。ぼくはついに「ふつうに」、テスラや電子工学について語ることができたんだ。ぼくは可能性でいっぱいの、わくわくする新しい世界に出会った。Arduinoについては以前から聞いていたけれど、そこではじめて大勢のメイカーがそれを使っていることを知り、ぼくは1台買ってと母を説得した。これはぼくの人生で2番目に良かったこと——いちばんはMaker Faireに行ったこと。

　最初のFaireのあと、たくさんの出来事が雪崩のように起こった。ぼくは次のFaireに参加するための資金集めをはじめ、そのうちに雑誌「Make:」のスタッフや他のメイカーたちとなかよくなった。この時には、Arduinoを使って自分の製品を作っていた。3×3×3の立方体LEDシールドで、これは「Make:」のオフィシャルストア、「Maker Shed」にも並んだ。

　しばらく各地のMaker Faireに参加しているうちに、「Make:」代表としてホワイトハウスのサイエンス・フェアに出ないかと電話がかかってきて、ぼくはもちろんイエスと答えた。ホワイトハウスではエクストリーム・マシュマロ・キャノンを展示した（図F-1をどうぞ）。そしてバラク・オバマ大統領が部屋に入ってきて展示を見て回っていた時、ちょうどそこにぼくがいたんだ。彼はぼくのブースに来て、このキャノンを撃てるかどうか尋ね、ぼくはもちろんイエスと答えた。マシュマロ・キャノンを撃つことによって、ぼくはある意味メイカーの代表みたいな存在になったんだ。大統領といっしょにマシュマロ・キャノンを撃った結果、ものすごくたくさんの機会に恵まれるようになっ

た。あらゆる大きなMaker Faireに参加したり、スピーチをしたり、イタリアと中国に旅してFaireに参加したり、インテルでインターンをやることになったり。さらには2014年の一般教書演説に招かれてファーストレディと座り、オバマ大統領に再会したよ。

　こうしたこと全部が実現したのはすべてメイカーコミュニティのおかげだし、それはきみにも起こるかもしれないんだ。

図F-1｜ジョー・フーディ（写真：ジョー・フーディ）

PROFILE ◎ ジョー・フーディ（Joe Hudy http://lookwhatjoeysmaking.blogspot.jp/）は史上最年少のインテル従業員。彼はすでにベテランのメイカーで、3×3×3 LED Arduinoシールド、SMD LED Arduinoシールド、マシュマロ・キャノンを含むいくつかのプロジェクトとキットを完成させている。彼の最新のプロジェクトは、ニューヨークのMaker Faireでデモンストレーションを行った3Dボディスキャナー（http:bit.ly/1oMjV59）。ジョーのスローガンは「退屈するな……何かを作れ！」。

01 無職のやりかた
ウェンディ・トレメイン

ニューヨークでのフルタイム仕事生活から脱出、ニューメキシコ州南部の小さな町に移住したウェンディとマイキーは、消費主義から離れた自律型の暮らしを成立させている。

　その時、マリサと私は出会ったばかりでした。私たちはいっしょに、できて間もない小さな家族経営のアジア系フュージョン料理レストランで軽いランチを食べたあと、うちに来て、私がスリフトショップ（中古の衣服や家具を販売する店）で見つけ出したミッドセンチュリー・モダンなソファでおしゃべりしていました。私は地元のショップで見つけたこのソファを、いつかまた彼らに売るつもりでした。私たちは、いかにして自分がフルタイムの雇われ仕事から逃れるようになったかをお互いに話して午後を過ごしました。

　私たちはニューメキシコ州までやって来たマリサと会話を交わし、彼女が作っていた映画に協力しました。彼女は、オルタナティヴなライフスタイルを選択し、トレーラーや移動式住宅で暮らしている人々についての映画を作っていました。私と私のパートナーのマイキーは、リノベーションされた古い移動式住宅で暮らしており、マリサと通じ合うところがたくさんありました。私たちはお互いこの国の反対側に住んでいましたが、

生活それ自体が仕事であるというところは共通していました。それはよくあることではありません。私は彼女のグラスに2杯目の自家製ジンジャーエールを注ぎ、職に就くのは高くつくという意見に賛成しました。

　私はマリサに、マイキーと私が楽しんでいるライフスタイルがどこからはじまったのかを話しました。2006年、私たちはニューヨーク市に住んでいました。そこでの生活は、たぶん自分で作ったほうが良いし信用できる品々を買うためにお金を稼ぐ、苦しい労働の単調な繰り返しでした。この観点からすると、職に就くことは私たちにとっては高くつくものでした。なぜかというと、それはすべての時間を吸い上げてしまうから。その時間で何かを買う代わりに作ることができたかもしれないのに。私たちは消費者的ライフスタイルのコストにうんざりしていて、そこから脱出する方法は、生活をまるっきり変える以外に思いつきませんでした。私がインドの哲学者の言葉に出会ったのは、そんな時でした。それは一聴して胸に刺さり、私は生きかたを変えようと決心しました――「病んだ社会に適応した健康などというものは存在しない」（クリシュナムルティ）。

　企業の仕事を辞め（私はマーケティング会社のクリエイティヴ・ディレクターで、マイキーはウォール・ストリートの銀行のIT部門で働いていました）、消費のために新たに獲得される原料を求めるのではなくて、不要品の経路あるいは自然から見つかるものから、自分たちの使うものを作ろうと私たちは決心しました。私たちが求めたのは、富というより社会の余剰でした。それから私たちは、お金はどうするのかまったく考えないまま、ニューメキシコ州南部にあるトゥルース・オア・コンシ

クエンシーズという小さな町に引っ越しました。私たちは人生を変えようと決心し、こうした理想にのっとってなんとかやっていこうと十分に意気投合していました。これらの理想には、われわれは元来創造的な存在なのだという信念が含まれていました。私たちに職業上要求された専門化・分業化は、こうした基本的な事実を覆い隠しているのではないかという疑念を胸に抱いていました。

　自分が自分のことばかり延々と話し続けていることに気づいた私は、思考の流れを中断して尋ねました。「ところで、マリサ、あなたはどうしてマサチューセッツにトレーラーを駐めてるの？」。彼女が私に語ったところによれば、彼女のトレーラーは、私の組み立て式住宅同様、1967年製の古いもので、マサチューセッツにいるのは単純にそこが彼女と彼女の恋人の出身地だったからだそう。彼女たちは、商業化されておらずまだジェントリフィケーション[*1]も波及していない地元の小さな町が好きなのです。私たちの会話は、商品化されない暮らしのためには、生活費を抑えることが必要不可欠だということに関して、熱い意見の一致をみせました。そのためにはたいてい、大都市から遠く離れたところで暮らすことになります。

　ニューメキシコ州トゥルース・オア・コンシクエンシーズ（T or C）は、ぱっと見だけで判断する人には、貧しいと言われてしまいかねないところです。しかし、ここに住む私たちは、フルタイムの仕事から逃れた自由の恩恵を浴び、上質なオーガニックの農作物を育て（そして1年中が栽培期間です）、魅力的な発酵食品を仕込み（チーズ、ワイン、ヨーグルト、テンペ、キムチなど）、DIYバイオディーゼルを作り、建築材料を探し集め、

汚れのない自然環境を楽しんでいます。図1-1〜1-3は、私たちのプロジェクトの一部です。しかしながら、私たちが最も楽しんでいるのは、自分たちのクリエイティヴなプロジェクトを発見し、取り組む時間です。8年にわたる冒険の過程で、私たちは都会を離れようと決心した時に思い描いていた通り、実際に工業製品よりも質が良く信頼できるものを自分の手で作っているということを、私は熱心に彼女に語りました。

　リノベーションの技術のことも教えました。私たちの家は1平方フィートあたり10ドルで完成していました。「私たちは移動住宅の暮らしを電動工具の使いかたを学ぶ道のりだと捉えてるの。もし失敗したとしても、そこには価値があるってことになるから」。「間違いない賭けね！」と、マリサは快哉の声をあげました。ものを作る人になるための学習方法は他にもたくさんあることを、私は彼女に語りました。移動住宅のリノベーションのあと、マイキーと私はバイオディーゼル燃料を作り、ペーパークレート（再生パルプとセメントの混合）でドームを建てて太陽光発電装置を設置しました。植物薬を作る方法を学びました。健康な食品を育て、発酵させ、加工し、自家製の電子機器を組み立て、テキスタイルを作りました。図1-1に写っている通り、私たちはたとえばワインのようなさまざまな高品質の製品を自給しています。

　マリサの自由は、私の自由と同様、家庭に必要とされるわずかな収入を得るための戦略と結びついています。その戦略は常に変化し続けるものです。必要な生活費を抑えることが自由への第一歩だということで私たちは意見が一致しました。また、私にとっては、このライフスタイルの改革が贈り物とともには

じまったということも重要でした。結局のところ私は、世界は根本的に豊かなものであるという理論を試そうとしており、そうしているうちに豊かな余剰物に頼るようになったのです。それならば、まず与えることからはじめてみたらどうでしょう？

私はかつて職を離れて立ち上げてうまくいった最初のプロジェクト（http://swaporamarama.org/）を、誰もが利用することができるように、クリエイティブ・コモンズ化*2しました。私は彼女に、不要品セールで見つけてきた宝物を販売するのにeBay（イーベイ）*3を使っていること、チワワン砂漠で見つけてきた植物から作った薬を販売する小さな家内工業を営んでいること、マイキーが作る自家製の電子機器のことを話しました。「自分たちに必要なものを余分に作って、オンラインで売ってるの」。マイキーのガジェットには、たとえば、私たちが冷凍庫を冷蔵庫に改造するのに使った温度調節器などがあります。これのおかげで冷蔵庫の使用電力を減らし、エアコンを稼働させ、太陽

図1-1｜ウェンディ・トレメインと彼女のパートナー、マイキー・スクラーがキットを利用して製造したワインを瓶に詰めている（写真：マイキー・スクラー）

光発電装置からの電力でまかなうことができるようになりました。私たちはこの温度調節器を、食べ物や飲み物を発酵させる時にも使用しています。彼の自家製バッテリー脱硫酸化装置は、あらゆる種類の電池を再生させます。私たちはもう新しい電池は買いませんし、死んだ電池を埋め立て地に送りもしません。「私たちはオンラインストアで、ポスト消費主義生活のための製品やガジェットを売ってるの」と私は彼女に言い、彼女はURLを書きとめました。

　マリサは私に、彼女が立ち上げたeコース（オンライン教育講座）について話しました。彼女がその開始を発表した週には、いちどに何千ドルもが集まりました。「それ以降は受動的所得ね」と、彼女は驚きと達成感をにじませて言いました。私は「eコースをはじめる」という言葉を紙切れにメモしました。彼女はオンラインストアもやっていました。彼女のEtsy（エッツィ）[*4]ストアは、まずヴィンテージの衣服を500点売りに出し、売り上げが低下するまではそのままにしておきます。それから別の500点を売りに出すという方式です。私はその時うちに飾られていた品のほとんどすべてが、eBayで売りに出されていることを認めました。「ものには執着しないの」と、私は言いました。「やって来ては去って行くのが好き。それは私の暮らしをもっと面白くするし、もともとすべてが不要品の流れから来ているから、ものを生産することによって生まれた破壊のことを心配しなくてもいいの」。

　他に私たちがやりくりしている収入源は、私たちの住処のガイドツアー、マイキーと私が学んだスキルを紹介するポッドキャストとYouTube動画、そして今年は私の著書『The Good Life

Lab: Radical Experiments in Hands-On Living(グッド・ライフ・ラボ:手を動かす生活のラディカルな実験)』(ストーレイ社より)です。「もうひとつの収入源」、私は肩をすくめながらつけ加えました。「よく売れ続けると仮定して、ね」。「パブリッシャーズ・ウィークリー」が私の本を夏の必読本に選出したことに触れ、幸運を祈りました。これらのうちどれかひとつだけでは私たちはやっていくことができないけれど、集まれば暮らしていけました。さまざまな所得の道を持つことによって、それぞれ異なる収入の流れを必要に応じてオンとオフに切り替えることができ、それによって自由がもたらされました。その夏、私たちはeBayをオフにして、バックパックで大自然の中へと消えるつもりでした。

　「私たちはできる限り、お金を遣わないようにしてる」。私は重要な秘訣を彼女に伝えました。私たちは金銭を恥ずべき手段として扱います。とりわけ、何かを作っている友達と交換する場合には。何かを作ったら、物々交換するか、または贈与するべきで、それは金銭より価値があることなのです。交換は贈与の次に来るもので、それは知人との取引に用いられます。金銭はまったく知らない人を相手にする場合に取っておくべきであり、それは関係の欠如を示すものなのです。

　マリサは私に、私たちのこれまでの失敗について尋ねました。私は大げさに目をむいて、どこから話すべきか考えました。「唯一最大の間違いについて話すね」。彼女はうなづきました。私たちは、はじめの頃、どうやって自活していくか心もとなく、お金の力に誘惑されて、フリーランスの仕事を請けていました。すると、すぐさま自分たちが石油製品を買い、高い食品と消費

財を買う市場の列に並ぶ仕組みの中へと戻っていることに気がつきました。

　フリーランスの仕事は、私たちを上質なものを自作することから遠ざけ、劣ったものをお金で買わせていました。私たちがものを作ることから知った喜びは、心配とストレスに置き換えられていました。私たちが買わなければいけない品々のほとんどは、公害、劣悪な条件下の労働、流通において使用される燃料といったかたちで世界の生命に負担を与えています。もちろんデスクにはりつきっぱなしで無駄遣いされる人生、アパートの部屋に閉じ込められたままの犬、見逃された日暮れの空のことは言うまでもありません。フリーランスの仕事によって、私たちは自分たちの創造的プロジェクトから脱線して、他の誰かの優先事項に取り組むようになってしまっていました。自主的失業状態と、ニューメキシコへの移住によって、マイキーは鍛冶や機械いじりをする時間を手に入れて、楽しみのためだけにものを作ることを覚えました。彼は、ファイアー・トランポリン[*5]、乾燥した土を利用した水やりシステム、室内栽培のための低電力LED照明システムなどを作りました。

　しかし、これらのプロジェクトは、彼がお金のための仕事を取ってくるやいなや、棚上げにされてしまいました。同じように、庭（図1-2）の手入れもできずに植物もしおれてしまい、私の裁縫プロジェクトも中止され、気がついたら他人にお金を払って自分の家まわりの修理をやらせていました。「この問題はすぐに起こるの、マリサ」と、私はオホンと咳払いをしつつ言いました。「私たちは二度と同じ間違いは犯さない」。今日では私たちは、私たちを雇おうとする人々に、私たちは売り物ではな

図1-2｜冬の庭の手入れをするウェンディ(写真：マイキー・スクラー)

いのだとはっきり告げています。

　マイキーと私はお金の代わりに時間を選んだのです。考えてみれば、お金を選んだ人たちのほとんどは、それを時間を買うのに使っています。また私たちは、労働と余暇を結びつけました。良い労働は余暇である――見方によれば。私たちは以下の信条を書き記しました。

　「世界がまるごと売り物になっている時、ものの作り手となることは革命的な行為である。」

　私たちには、自分たちの生活はこういう風に感じられています。それは意義深く、時には革命的ですらあります。私たちはこの誓いにのっとって冒険に乗り出し、お金持ちではないけれど豊かになりました。私たちはもはや市場の浮き沈みの影響を受けてはいません。
　今日、私たちにとって投資とは、道具のかたちをしています。

「他の何かを作るための道具を買え」が私たちのモットーです。貨幣価値とは関係なく、私たちは生きるために必要なものを作ることができるのです。今日、私たちが立っているところからすると、職に就くことは高くつくのです。たとえば、定職に就いていたら、私たちは自然の中を行く長距離バックパック旅行やトレイルランニングの楽しみを発見することができなかったでしょう。私は本を書くことも、ガーデニングを学ぶこともできなかったでしょう。私たちはバックパックだけでイタリアのアルプスを行く旅を計画中です。私たちには時間があります。

　私はマリサに、何日か前に観光客をハイキングに連れて行ったことについて話しました。「私たちが何とはなしに月曜の朝のハイキングに誘ったのを、彼らは変に思ったの」。「月曜日だっけ？」と、マイキーは頭の中のカレンダーをぐるぐるさせている様子で言いました。「僕たちは今日が何曜日かあんまりわかってないんだよね」。

図1-3｜地元のゴミ箱から入手可能なバイオ燃料で動くウェンディとマイキーの車（写真：マイキー・スクラー）

その夜、私たちはうちの庭の温泉から、真夜中から午前3時頃まで続いた月食を眺めました。マリサは私に寄りかかって、告白しました。「私の家族は大企業を経営する億万長者なの。彼らのしていることは地球上の生命へのすごい負担になってる」。

「いま生きている人間は、誰もが問題であると同時に解決でもある」と、私は彼女の気持ちをなだめようとして言いました。私は、人はふたつのグループのうちのどちらかに行き着くという考えかたについて語りました。すなわち、人生は豊かだと思う人もいれば、まだ足りないと思う人もいる。前者は分かち合い、少しだけしか必要とせず、貯め込みません。後者は、もう充分手にしているのにそれを理解せず、現代的な貧しさに苦しみます。「それで、その親戚に自分たちは充分持っているということを、どうやってわからせたらいい？」と、私は笑顔と肘鉄で尋ねました。

　私はマリサこそが潮目の変化を示すものなのではないかと思いました。自分の家族の富から離れるのは困難だったに違いありません。マリサの人生経験は私とは大違いですが、自由の発見には、生きてそれを求める人の数と同じだけ、さまざまなかたちがあるのだということで意見が一致しました。「大きく夢みよ！」と私は叫び、彼女のうしろの門の鍵をしめました。彼女はまた別の、自由になるために仕事を辞め、トレーラーで暮らすことにしたカップルに会いにアリゾナへ向かうということでした。

　太陽は低く、地平線すれすれでした。これから何かをはじめるには遅い時間でした。私は庭にある、ゴミから見つけた錆びついたアンティークのフレームを溶接して作ったベッドに心地

よく収まりました。私はベッドにやわらかい発泡素材とリネンをかぶせていました。夏のあいだ、マイキーと私は星空の毛布の下で眠るのです。私たちはエアコンをつけないことを楽しんでいます。私の大好きなものはすべてお金では手に入らないということを、私は知っているのです。

―――

*1 都市部の停滞地域（比較的貧困層が多く居住する）に富裕層が流入する人口移動現象。
*2 クリエイティブ・コモンズが提供する著作権ルールで著作物を公開すること。
*3 オンラインのマーケットプレイス。
*4 主にハンドメイド製品のマーケットプレイス。
*5 マイキーの発明品でジャンプすると後方の炎が上がるトランポリンのシステム。

PROFILE◎ウェンディ・ジェハナラ・トレメイン（Wendy Jehanara Tremayne）は商品化されていない暮らしを創造することに興味がある。ニューヨーク市のマーケティング会社のクリエイティヴ・ディレクターだった彼女は、ニューメキシコ州トゥルース・オア・コンシクエンシーズに引っ越し、パートナーのマイキー・スクラーと共に自律型の生活拠点を築いている。彼女は、現在では世界各地の100以上の都市で開催されている非営利の衣服交換イベント「スワップ・オ・ラマ・ラマ」の創設者であり、コンセプチュアル・アーティスト、イベント・プロデューサー、ヨギ、ガーデナー、ウルトラ・ランナー、バックパッカー、ライターである。彼女は「Craft:」のウェブサイト、雑誌「Make:」、「Sufi」に寄稿し、マイキー・スクラーとブログ「ホーリー・スクラップ」を運営している。著書『グッド・ライフ・ラボ：手を動かす生活のラディカルな実験』(ストーレイ)は、回想録でありチュートリアルでもある。この本は「パブリッシャーズ・ウィークリー」に2013年夏の必読書に選出され、2014年度ノーチラス・ブック・シルバー賞グリーン・リビング／サスティナビリティ部門を受賞した。　　　　　　　　　　　　　　　　　　（写真：マイキー・スクラー）

02 INTERVIEW
エミール・ペトロン（Tindie）
アダム・ウルフ

Tindie（ティンディ）は自作ハードウェアのマーケットプレイス。ホビーのサイトをメイカーたちに解放、ビジネスに仕立て上げたエミール・ペトロンが語る。[*1]

アダム・ウルフ｜君は「インディー・エレクトロニクス」の売買が行われる市場、Tindie（http://tindie.com）の創設者だよね。これはしばしばメイカーのためのEtsyと言われているけど、君ならどう説明する？

エミール・ペトロン｜僕たちはTindieを、あなたの大好きなもののマーケットプレイスと説明してる。基本的に、Tindieは僕の個人的なホビーのためのサイトとしてはじまったんd。DIYエレクトロニクス、Arduino、そういう愉快なもの。で、僕は、そういう自分が興味のあるものを扱っている良い市場を見つけることができなかったんだよね。純粋に個人的なホビーのためにはじまり、そのうちそれ自体がホビーとなって、そして、こうしてビジネスになった。でも、僕たちは基本、これは単純に利用者が好きなもののための市場であると捉えてる。Raspberry Pi、Arduino、ロボット、ダフトパンク[*2]、何であろうと――僕たちはそれでかまわない。インディー・エレクトロニクスあるいはメイカーあるいは他の何かに特化しているわ

けじゃないんだ。このプラットフォームを使って人々ができることに関して、僕たちはもっと大きな見取り図を描いてる。

アダム｜Tindieは現在もセラー（出品者）自身が創造したもの限定の場なの？　それとも、他の人が作ったものの転売にも開かれてる？

エミール｜その質問にはふたつの答えがあるね。ひとつ、「このサイトは自分の売るものを作っている人々に合わせて仕立てられているのか？」。これは間違いなくイエス。僕たちが決めなければならなかったことのひとつに、材料や部品などをバルクで販売したい人々をどう扱うかという問題がある。Tindieマーケットが本格的に展開して以降は、そういう人たちも材料や部品を売買し、製品を置く自分自身のスペースを自由に構築することができるというのが、基本的な考えかた。Tindieは利用者次第なんだ――利用者は何でも興味のあるマーケットを追いかけることができ、それを僕たちがこのサイトでみんなに見せている。もし君が部品に興味があれば、それを見つけることができるけれど、Tindieを訪れる人々の大多数は、他のところでは見つけることのできない面白いプロジェクトを求めているね。

アダム｜少し話を戻そう。現在Tindieは君のフルタイムの仕事だよね？

エミール｜その通り。Tindieの前、僕は5年から7年ほどシリコンバレーの新興企業の周辺にいた。僕は独学でエンジニアになった。最後の雇われ仕事は、僕が働いていた新興企業の傘下に入った別の新興企業のウェブ・エンジニア。以前はセールスの仕事もやっていて、それからウェブ・エンジニアに転職して、

フルタイムで働いてたんだ。

アダム｜これまで自分の周りで、独学で販売業者になるエンジニアをたくさん見てきた。彼らは製品を作ってから必要に迫られて販売について学ぶ。この流れに反対側からアプローチしたことで強みはあった？　つまり、セールスからエンジニアになって。

エミール｜もし会社をはじめるとなったら、それがウェブ起業だろうとハードウェア会社だろうと、製品を作って売るのだろうと、何であろうと、結局のところ創造と販売の両方の能力が必要になると思う。その技能が個人的なものにせよ、君と君の共同設立者のものにせよ、一式の技能を提供し、それがビジネスの核になっている必要がある。ひとりで学ばなければならないのだったら、そうするまで。それこそ僕が（シリコンバレーで）セールスをしていて学んだことだね。自分で起業するとなったら、コードの書きかたを覚える必要があるって。誰かを雇うとか、僕のヴィジョンの通りに作りあげることのできる共同設立者を見つけるなんて考えは僕には非現実的だった。5年前にはそういうことをよく耳にしたけれど。「自分はエンジニアリングをアウトソーシングできる」とか、「共同設立者が全部面倒をみる」とか言うけれど、その人は技術分野の雇用経験がまったくなく、自分が求めているテクノロジー上のスキルが何なのかも、そのプロセスも理解していなかったりする。これがセールスからエンジニアリングに来た僕の見方。僕は1年間の休みを取り、貯金で食いつなぎ、学生みたいな生活をしながら、Pythonのチュートリアルをやり、Djangoを学んだ。「このために1年ある、自分で学ぶか学ばないか。これは僕が結婚してないし子どももい

ないからできるチャンスなんだ」。

　エンジニアリングの視点からすると、もし売らなくてはならない場合、売りかたを学ぶのに１年の休みを取る必要はないけれど、会社をうまくいかせようと思ったら、その技を理解しマスターしなけきゃならない。君自身か、ビジネスか、サービスか、製品かのいずれかを、誰かに売り込む必要が出てくる。

アダム | 君はTindieを通じて、それはたくさんのメイカースタイルのプロジェクトに関与してきた。何百、いや何千ものプロジェクトがTindieに出されている。製造を開始するための資金を集めたい人々には、Kickstarter（キックスターター）[*3]をはじめとするクラウドファンディングが人気だよね。これまで見てきて、クラウドファンディングのメイカー製品についてはどう思う？

エミール | 2014年７月の時点で、僕のサイトは2,500を超える製品を抱えてる。

アダム | すごい！

エミール | クラウドファンディングに関しては、この質問に尽きると思うな——君はこれまでに製品の実物を出荷したことがある？　思うに僕たちは、クラウドファンディングのプラットフォームがはっきりと価値を持つ時代を目にしてる。僕はそれが違うと言っているわけじゃない。でも、製品を出荷するためにこのプラットフォームを利用する一部の人々にとっては、その価値には疑問の余地がある。なぜならそれらの90％は、ひとつふたつすら実際に設計され、製造され、出荷することなく終わってしまうから。むろん何百個、何千個と製造されることがないのは言うまでもない。それは彼らにとってはじめてのプ

ロジェクトで、「すごいアイデアを思いついた。試作できたし、いい感じだし、いい説明書もある。ぴかぴかで準備万端に見える。クラウドファンディングで外に出そうぜ」となる。現実は、こうした人々は自分たちで作った何かをデザインし出荷したことがなく、手順を正確に理解していないゆえに自らを傷つけることになってしまう。彼らは製品に正しい値付けができない。そこで必要になる経費のことを知らない。自分たちのキャンペーンに際しての実際的な手順を理解していない人々に期待することで顧客も苦しむことになる。

　僕からのアドバイスは——僕の考える正しいやりかたは——もしこれまで実際に製品を出荷したことがなかったら、基本的にそこからはじめてみること。いちばん簡単なのは、まず小さなものからやってみること。君が設計した基板とか、キットとか。実際の例を挙げようか。Kickstarterに出された真空調理器Nomiku（http://www.nomiku.com/）は、自宅で組み立てるキットからはじまったんだ。友人や家族たちがそれを買い、デザインを向上させ、あるべきかたちに仕上げていって、同時に部品調達と製造について学び、要は同時進行で彼らのスキルをビジネス用に育てていった。

　問題を解決すると同時に、部品とさらに組み立てられた製品、すべてをアウトソーシングする手段に目をやり、誰かが完成品を製造し、注文処理と発送を担当する。こうした過程を経て、製品をマスマーケットに出せる準備が整ったと感じたら、クラウドファンディングを募るのもまったく問題ないし、受け入れられると思う。なぜならたびたび手順を踏み、プロジェクトが育つまで経験を積んで、部品を調達し、製造業者を見つけ、ク

ラウドファンディングのプロジェクトに寄せられる期待に現実的に応えられるだけのものを見出しているのだから、あとは基本的にそこにどれだけの需要があるか、その需要に合うように量を増やすというだけの話だ。すでに製造手段があり、そこで信頼関係を築いている。現実的な値段で実現されており、経費がどれくらいかかるかも知っている。それならばあとはキャンペーンを正しくスムーズに行うのみ！

　僕はこれが正しいやりかただと考えているけれど、みんな1時間で何百万マイルも進みたがり、自分が他人より賢いと思い込んでいる。このプロジェクトは準備万端でクラウドファンディングできると考えているけれど、実際は自分にとっても顧客にとっても不幸な結果になるという人々は、いつまでたってもいなくならない。本当に理解していて、経験もある人々が利用するのなら、僕はクラウドファンディング賛成派だね。

アダム｜まったくその通り。自分のアイデアをクラウドファンディングで実現することについて質問してくる人には、人は動画で見たものに心を奪われて、その製品が実際にどんなものになるのかわかっていないってことに注意を促すよ。彼らがその製品がなんなのかわかっていなかった場合、本当に製品と会社が傷つくことになる。

エミール｜そう、自分の評判に、大金を集めたのに約束を果たさなかったそのキャンペーンが永遠について回るのだから。それは両刃の剣だ——正しい方向に振らなくちゃ！

アダム｜Tindie自体についていくつか質問させて。Tindieは出資を受けてるよね？

エミール｜そうだね。

アダム｜出資者に向けてメイカームーブメントやオープンソース・ハードウェアについて説明するのはたいへんだった？　新しい会社の出資者を選ぶにあたってのコツがあれば、読者のために教えてくれる？

エミール｜メイカームーブメントもオープン・ハードウェアも、説明するのはまったく難しくなかったよ。だから答えはノーだね。理由は単純、出資した人たちは、もうすでに何かが起こっているということを信じている人たちだったから——変化が起こりつつあるんだ。彼らはそこに何かがあるとすでにわかっていて、問題はTindieがどう成長するか、Tindieはそこにある何かにとって有効なソリューションとなるのか、人々はTindieの周りに集まってくるのかなんだ。

　最初の3か月はまだ日中の仕事があって、夜と週末にTindieをやっていた。Tindieはひと月ごとに倍々になっていった。そういうものなんだ——「成長ハッキング」なんてものはない。僕は正しい時間に、正しい場所にいた。初期の出資者たちは、それを見て飛び乗った。そんなに難しいことじゃなかった。僕たちは昨秋に残りの資金調達をしたんだけど、それはまた別の話。このスペースは成熟しつつあり、何かが起こりつつあったから、僕たちは前年の成長とこれからどこへ向かうのかを示しさえすればよかった——僕たちはこれが大きくなると考えているけれど、どれくらい大きくなるのかはわからない。僕たちにはいくらかの成功体験があって、いま起こっていることのためのマーケットプレイスとして代表的な存在だった。これまでの成長を示すことのできる歴史があれば、話はちょっと違ってくるよね。

外部に投資家を求めるかたちでビジネスをする場合、投資家のためのイグジットを用意することが必要だと思う。考えられるのはふたつ、企業買収か株式公開。ここのハードウェア・プロジェクトの大多数の場合はというと——そういう類のものではないし、そのビジネスモデルには適合しないと思う。これらのプロジェクトは百万ドルビジネスにはならないだろうし、この空間で強い存在感を得ることを求めているわけでもない。多くのプロジェクトはそういう展開には小さすぎる。それがベンチャーキャピタルの現実的なものの見方だ。比較的小さな投資者、後援者、友人、家族は、大きな存在とはまた違った期待を抱いているかもしれないし、それがむしろ伝統的な「小さなビジネスに投資する関係者」なんだ。僕はこの件に関して最良の見通しを持っているわけじゃない——僕は億万ドル企業を築きあげることを狙うシリコンバレーの起業家たちの世界出身だから。ビジネスを構築するのにベンチャーキャピタルを適切な手段として利用するには、そういう視点が必要になる。

アダム | Tindieはウェブサイトのホスティングを行い、顧客が製品を選択しお金を払うことを可能にし、製品が売れたことをセラーに連絡するけど、他にはどんなことをしてるの？　見ただけでははっきりわからないことはある？

エミール | Tindieがうまくいく理由には、スケールとコミュニティがある。それが僕たちの核なんだ。誰かがTindieにやってきて「売りたい」もしくは「買いたい」と言ったとしよう。僕たちは現在、世界82か国に顧客を抱えている。そこにはホビーとしてやっている人から世界最大級の組織まで幅がある。NASA、Google、Apple、Intel、政府機関、軍の教育機関、

MIT、ハーバード、メディアラボなど、あらゆる規模と範囲に及んでいる。

　これこそ君が参加し、売り込もうとしているコミュニティなんだ。さらに、僕たちが開発およびメンテナンスと改良のコストを引き受けているところが鍵だ。そこを自分でやる必要はない。もちろん自力でオンライン上にコミュニティを築くこともできるだろう。僕たちはTindieでOpenSSLの脆弱性、ハートブリードへの対策もやっている。自分でサイトを運営する場合、最新のセキュリティ問題に遅れずについていかないといけない。常に詐欺師やハッカーに狙われているからね。Tindieなら、君がそこを心配する必要はないんだ。僕たちが君のデザインと製品を実際に販売する段階をできる限り引き受けることで、利用者は好きなことをやり続けることができる。たいていそれは新しいものや新しいプロジェクトを作り出すことだよね。それが、大きく多様なコミュニティに加えて、僕たちがセラーに提供する主なサービス。僕たちはいつも対話を促す新しいデザイン、仕事を楽にする新しいツール、新しい販売方法を導入し、君のやっていることに興味を抱く人々の目に君の製品を触れさせる。

　どんなビジネスも何かひとつに秀でているものであり、僕らにとってそれが何かといえば、市場を作ることなんだ。君の事業が小さかった場合、君がうまくやれるのは、おそらく革新的な新製品を作ることだろう。人々がものを買えるウェブサイトを運営することじゃない。そこのところは他の人たちにまかせて、君は君の得意なことをすればいいんだ。

アダム | そろそろまとめよう——Tindieに関して、最近の、あ

るいは今後予定されているクールで新しいことで、話しておきたいことはある？

エミール | Tindieの「マーケット」が拡大し続け、より多様になることが、現在の僕たちの長期計画。なぜかというと僕たちのサイトがマーケットプレイスであり、どうなるかは製品を出す人たち次第であるからして、僕たちが毎日状況に応じてこのサイトの分類法やカテゴリーを管理する適切なやりかたは存在しないと理解したからなんだ。コミュニティにまかせ、「どんなカテゴリーが作られるかは完全に君の管轄です。君の情熱のままのマーケットを作ろう！」と言うことで、自ずと僕たちが予想していなかった興味深い分野にまで拡大していると思う。

たとえば、昨日は、ダフトパンクの品を作っている人々によってダフトパンク・マーケットが作られた。これが育って成熟したらすばらしいと思う。彼らのサイトでは、ヘルメットなどのいかれたダフトパンク関連製品を見ることができる。ハッカースペース関連のマーケットもある。tymkrs[*4]のマーケットスペースもできた。いまではSpark Core[*5]やElectric Imp[*6]といった、異なるプラットフォームのマーケットプレイスもある。

これは予想外だったけれど、すばらしいことだと思ってる。数週間、数か月が経つにつれ、どんどん大きく、どんどん面白くなる一方、Tindieは人が興味を持つものなら何でも扱うマーケットプレイスになっていく見込みだ。ティンダリアン（Tindie利用者）たちは興味のあるマーケットに参加し、Tindieは彼らが興味を持つ製品およびプロジェクトだけを見せるサイトになる。サプライ品に興味がなければ、それは目に触れない。たとえば、スター・ウォーズとダフトパンクが本当に好きなら、そ

れに関連する品がここには大量にある。

　これをサポートするものの他にの完全に新しい機能が導入される予定はいまのところない。マーケットをはじめて1週間、すでに45〜50のカテゴリーが設置されている。これがどう進化していくのか、すごくわくわくしてるよ。

アダム｜すばらしい！　今日はありがとう、エミール！

---

*1　このインタビューは2014年の収録であり、Tindieはブログ・通販サイトの「HACKADAY」に買収されたことが発表されている（2015年8月）。
*2　フランスのハウス／エレクトロ・ミュージック・ユニット。
*3　不特定多数の人から資金を募るクラウドファンディングのサイト。
*4　電子部品。
*5　プロトタイプ用ツール。
*6　モノのインターネットのために作られたプラットフォーム。

PROFILE ◎ エミール・ペトロン（Emile Petrone）はイノベーションのためのマーケットプレイス、Tindie（http://tindie.com）の創設者兼CEO。過去数年、あまりにもたくさんの興味深いプロジェクトが現れるのを目にしてきた彼は、メイカーたちがその創造物を売りに出す手段として市場を作り出した。開設から1年半、400以上のインベンターが2,000以上の製品を掲載している。

（写真：エミール・ペトロン）

———

PROFILE ◎ アダム・ウルフ（Adam Wolf）はWayne and Layne,LLCの共同設立者兼エンジニアとして、キットとインタラクティヴな展示を設計している。ミネソタ州ミネアポリスのエンジニアリング・デザイン・サービス会社で組み込みシステムの仕事も手掛けている。彼はものをピカピカさせたりおしゃべりしたりしていない時には、妻と息子と過ごしている。

（写真：アダム・ウルフ）

03 メイカーシーンとともに進化する
アレックス・ダイバ

サーキットベンディングに目覚めたロシア生まれのアレックス・ダイバは、サイト「GetLoFi」をはじめた。仲間を見つけてフェスを開催し、プロダクトを開発して販売してとメイカー人生を謳歌している。

　私のメイキングとエレクトロニクスへの情熱は、ロシアの子どもだった頃までさかのぼります。父はエンジニアで、私にこう言いました。「自分でできることを決して他人に頼むんじゃないよ」。私たちはハンダごてを持っていて、自由時間にはトラックや戦車の模型を作っていました。私は父を眺め、手伝っていましたが、しかし周りに誰もいない時には、ハンダごてをコンセントにつないで何かを溶かしていました。うちの家族にはものづくりが受け継がれていました。祖父はタイル職人で、しばしば遠方まで派遣され、大物政治家の家を装飾する仕事をしていました。祖母は、自分の庭園区画（これは「ダーチャ」と呼ばれています）の収穫から、冬を越えるのに充分なだけの保存食を作っていました。私たちは子どもの頃、自転車用の部品を探して走り回り、インナーチューブを切っては別のインナーチューブに糊付けして修理していました。

　私たちが初めてコンピューターを手にしたのはその頃です。TRS-80のクローンで、カセットテープからBASICのプログラ

ムを読み書きするのです！　父と私は後に、そこにジョイスティック用ポートを加えて「ロードランナー」[*1]をプレイできるようにしました。これで私は、自分の求めることをテクノロジーにやらせる方法がある、という考えかたに開眼したのです。とはいうものの、小さかった頃には、ちゃんと作動するものをうまく作ることはできませんでした。私は主に、ものをばらばらにして、あとで元に戻そうとすることに力を注いでいました。ビデオゲームもすばらしいものでしたが、残念ながら全部英語だったので、私は否応なしに第二言語を学ぶことになりました。思い返せばあの頃の私は、ゲームで遊びたい時には「Format C:\」のコマンドを286マシンに入力すればいいと思っていたふしがあります。もちろん、子どもの頃に、レゴをはじめとするあらゆる種類の組み立ておもちゃが身近にあったことは言うまでもありません。

　ソビエト連邦が崩壊する直前、私たちはモスクワをあとにして合衆国に渡り、アイオワ州ニューロンドンの小さな農業の町

図3-1｜サン・マテオのMaker FaireでのGetLoFiストア（写真：アレックス・ダイバ）

に落ち着きました。そこで私は1年をかけて田舎の生活に慣れながら、英語を練習し、スーパーファミコンで遊び、『ビーバス＆バットヘッド』[*2]を見て、アメリカのスポーツを楽しみました。これぞアメリカナイゼーションの短期集中コースと言えるでしょう。この経験によって、電子工学とメイキングの追求が続けられなくなるということはありませんでした。幸運にも、家の地下室は完全に空いていたので、私たちは小さな作業場を設けることができました。もうひとつ良かったこととして、私が電子工学に興味を持っていることを学校の図書館が知るところになりました。私がこの分野の本すべてを借りていたからです。そして彼らは、古いラジオとテレビの修理の本が寄付された時、それを私に譲ってくれました。私たちはあまりお金を持っていませんでしたが、母と父は私にラジオシャックの電子工作セットを買い与えてくれ、それは最高でした！ ついに私は、きちんと作動する電子回路をうまく作れるようになったのです。

　90年代後半、たいていのことに関しては、私の人生はごく普通のアメリカ人が経験するものと変わりませんでした。私はアイオワ州で2番目に大きな都市に住んでいました。ロックウェル・コリンズ社[*3]の本拠地であるシーダーラピッズは、双方向無線の発明から宇宙での任務のためのコミュニケーションまで、いまでも航空宇宙産業において非常に重要な役割を担っています。私はアマチュア無線のコミュニティにちゃんと参加したことはありませんが、不要品交換会に行ったりロックウェルの払い下げ品の店について知ることを通じて、その恩恵を受けていました。その店は週に1日だけ開いていて、廃番になった機材や試作品でいっぱいでした。

インターネットが利用できるようになったのは高校1年生の時ですが、私がそれを使って生計を立てていくことはあらかじめ決まっていたようなものでした。私が昔書いていたものを読むと、オンラインでものを売るというアイデアは、早いうちから私の脳にしっかり埋め込まれていたようです。「誰かのゴミは別の誰かの宝物」という事実に慣れ親しんできた私は、eBayで払い下げの電子機器の販売をはじめました。それは常に楽しい時間ではありましたが、不幸なことにいつか販売して利益を得ようという意図で細かな機器を貯め込んでしまう癖にもつながりました。

　私のメイキング史においてもうひとつ決定的な出来事だったのは、サーキットベンディングの発見です。子どものおもちゃを改造してショートさせ、新しいサウンドを出したりするのです。こうした楽器がどのようにして作られるのか、当時ネット上には情報がまったくないに等しく、雑誌「Make:」も存在していませんでした……それに、GoogleはまだYahoo!、Lycos、Ask Jeevesの次の脇役のような存在とされていました。選ぶべきサーチエンジンはDogpileでした。他のサーチエンジンの検索結果が2ページにまとめられるからです。当時Bloggerは、自分のメッセージを世界に届ける手段としてRSSフィードを吐くウェブサイトを発表したい人々のためのプロジェクトでした。私はサーキットベンディングに関する自分の実験を記録して世間の目に触れさせたかったので、GetLoFi（ゲットローファイ、http://GetLoFi.com）をはじめました。

　はじめのうち、インターネットのどこかにいる誰かが——これはFacebookどころかMySpace以前の話だということをお忘

れなく——私のやっていることに興味を持っている、あるいは——なんと！　同じことをしている、と知るのはスリリングでした。たとえアイオワ州第2の都市で育っていても、そこにサーキットベンディングの分野の同好の士の輪はできていませんでした。しかし世界各地の人々がGetLoFiを介してお互いを見つけ、つながったのです。いまでは誰もがFacebookでやっているように。楽器の改造に同様の関心を持っている知らない人々が私に連絡をよこすようになり、サーキットベンディングのシーンは、新たに発見されたインターネットというものの物珍しさも相まって盛りあがりました。アーティストやクリエイターたちは自分の地下室から出てきてウェブに向かい、ますます多くのプロジェクトを、その秘密を見せるようになり、ついにはベント・フェスティバル*4のような、人々が実際に集まり生涯の友達ができるイベントを企画するまでになりました。

　GetLoFiが目指しているのは、サーキットベンディングの世界をわかりやすく示し、きちんとしたコミュニティのリソースを生み出すことです。私の失敗と成功は、多くの場合ブログで世界に発表され、たくさんの人々がこのウェブサイトを介してつながります。ウェブサイトは現在もアクティヴですが、即時性は以前より控えめになりました。現在、アップデートはFacebookのニュースフィードでなされています。私は自分のプロジェクトをシェアするのに加え、正しいやりかたや近道を説明する記事を書きました。

　そうしているうちに、ある人に私のプロジェクトのコピーが欲しいと頼まれました。プリント基板を使ったクラシック・アタリ・パンク・コンソール回路*5です。オンラインコミュニティ

のもともとの性質がシェアに向いていることもあって、私はすべての部品を注文し、何枚かの回路板にデザインを刻み込み、2枚を取扱説明書といっしょに小袋に入れると、そこで私のキット事業が誕生しました！

　まず克服すべきは、自分が一生懸命取り組んだ何かを発表しても誰にも理解されないのではないかという恐れです。彼らはどう反応するだろうか？　人前でしゃべったり音楽を演奏したりするのに似た恐れですが、いったんそこから踏み出せば、それはもうはじまってしまい、もう後戻りすることはありません。

　最もよく知られているGetLoFiのプロダクトはずっと後になってから登場したもので、それはおそらく最大のヒット作であると同時に失望でもありました。このニンテンドー・ギター（図3-2）は、廃品のギターのネックに本物のニンテンドーエンターテインメントシステム（スーパーファミコン）をボディとして使用した6弦の楽器としてはじめて商品化されました。およそ30本ほどが製造され販売され、私はいまでもたくさんの人にもっと作って欲しいと言われています。それは革新的で、なつかしくて、楽しい一品でした。いくつかのテレビ番組でも紹介され、何人かのミュージシャンがビデオで使用しましたが、適切な価格、適切な製造時間で商品化できたかというとまったくダメでした。このギターは100％ハンドメイドで、正しく組み立てるために時には何時間もの精密な作業が必要でした。最悪だったのは、売り切れて入荷待ち扱いにした時です。締切が迫っていると、自分の作り出したものの組み立てを楽しむのがどんどん難しくなってきました。本来は楽しいことだったはずなのに！この経験によって、ハンドメイドが本当に意味するところは何

なのか、またそれをやってどの程度生計を立てることができるものなのかについての考えが変わりました。時間は貴重であり、プロのメイカーがこなすべき本筋とは関係のない義務を考えると、経費はその品を欲しがる人々にとっての価格帯を越えてしまうのです。どのステップが自動化されるべきかと、どの部分が手作業でなされるべきかの間には、はっきりと線が引かれています。

　うまくいった、もしくは挑戦的なプロダクトを手掛けることと並んで、カスタマー、クライアント、コラボレーターと関係を築くことも、おそらくメイカープロでいることにまつわる最良の部分でしょう。あらゆる取引はユニークなもので、どちら側もその1回だけでなく、それが未来の取引へとつながるかどうかに興味を抱いています。有名なファストフード店で何かをオーダーすることを考えてみてください――そういうことです！レジで働いている人はあなたが持っているものが良いのか悪いのかなんてまったく気にかけていません。話し合う必要もない

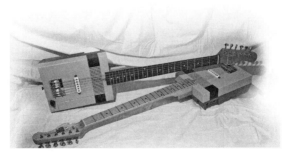

図3-2｜廃棄されたゲーム機をボディに用いたNESギター（写真：アレックス・ダイバ）

し、そのサンドイッチに何か革新的な使用法があるなんてことはなく、ただ食べるのみです。あなたは決まりきった言葉を交わし、別の道を行って、何かひどく間違ったことが起こったとでもいうのでない限り、その取引について覚えていることはありません。一方、クラフトフェアやインターネットのウェブサイトを考えてみてください。注文をする人はあなたが誰なのか知っていて、もしかしたら以前にあなたの製品を見たことがあったり、誰かからそれについて聞いたことがあるのかもしれません。あなたはセラーとして、販売に成功したら興奮を覚えるでしょう（それがあなたの夢を生きながらえさせます）。そしてあなたは、顧客が製品を気に入ったかどうかを心から気にかけるでしょう。なぜならあなたの商売の未来はそこにかかっているのですから。悪い取引もあるでしょうし、間違いは起こりますが、そういうものです。私たちにできることは経験から学ぶことです。それが良いものでも悪いものでも。結局のところ、私にとってはですが、誰かが奇妙な小さい木箱を開けて、そこにはっきりとGetLoFiと刻まれた基板、または内側に私の署名の入ったギターを見つけるかもしれない未来は、喜びなのです。

　以前作ったものをまた作ることに関しては、自分の記憶を信用してはなりません。これまでに段階を踏んで、ものの作り手となったならば、すべてのステップを毎回学び直す必要はありません。記録には最善を尽くしましょう——自分のためというだけでなく、誰か他に同じ道のりを行きたい人がいるかもしれません。シェアすることで、あなたはもしかしたらインターネット上にいる他の誰かの頭の中にしかない解決策を発見することができるかもしれません。Instructables（インストラクタブルズ）[*6]、

「Make:」、iFixit[*7]、YouTubeは、ユーザーによる知識を支える帝国を作りあげています。

　商業的なフルタイムメイカーでいるのは簡単なことではありません。ある問題について比較的安価なソリューションを思いついた場合には、すべてのコストが噛み合いはじめます。そのうち現在の問題がすべて解決されたり、競合他社が似た製品を出してきてあなたの持っているソリューションへの需要が消えてしまう可能性もあります。なので、革新を続け、状況を読み、価格を調整する必要があります。さもなくばただ立ち去ってホビーとしてやるしかありません。

　それならば、なぜ人々はプロのメイカーになることを選ぶのでしょうか？　「おまえの闘いを選べ」という言葉があります。あなたもしくは私が、Arduinoに対抗するマイクロコントローラーのプラットフォームを似たようなスペックで設計しはじめたとしても、うまくはいかないでしょう。Arduinoの市場占有率はすでに堅固なものです。なぜでしょうか？　Arduinoはすでにインターネット時間ではもうかなり長いこと使われてきています。ユーザー基盤と代表的な銘柄が確立されており、互換性のあるサードパーティのアクセサリーも豊富です。価格帯も低くなっています。RadioShack、Micro Center、Fry'sなどの有名小売店の実店舗でも取り扱いされています。メイカーまたはエレクトロニクスの分野に熱を入れている人なら誰でも知っています。中国産のArduinoクローンは配送料込みでもとても安いので、基板を構成する部品のほうが完成品より高くなってしまうのです！

　ここに至って、私たちが手にしているものはできる限り良い

ものだと言っても許されるでしょう。その機能に対して適正な価格です。Raspberry Pi、Galileo、BeagleBoneといった製品が成功したのはなぜでしょう？　そう、それらはArduinoができないことをするからです。これらには、開発したメイカーが求め、他のメイカーも望んでいるに違いないと思った機能があります。あなたが欲しいと思ったものは、他の誰かも欲しがっているものなのです。

　難しいのは、さらに多くを求めれば求めるほど、人々の要求も高くなることです——簡単ではなく、かつお金のかからないソリューションが必要になります。それは常に時間対お金の戦いです。しかしながら、お金を持っている人のほとんどは自分たちの時間に価値を見出し、箱から出してすぐ動く製品に喜んで余分にお金を払うものです。

　他人のためにものを作ることについて考えてみましょう。何も知らない誰かにとっては、あなたの技術とノウハウを要する労働を利用することは、まずゼロからその問題について学び、その問題の解決策を見つけ、すべての道具と素材を入手し、時間をつくって完成させるのに較べると効率的です。ここで、「問題を抱えた誰か」はメイカーになるのです！　回路図を読んだりコンピューターでプログラミングを行うことをまるで魔法のように感じている人々がいますが、しかしそう感じている人々が最高に刺激的かつ創造的になることもあるのです。なぜなら彼らは技術はなくとも現実にしたいアイデアを持っているからです。彼らが既成概念にとらわれずにあなたの製品を使う時、未来の製品のためのアイデアをもたらされ、彼らのニッチ的要望に応じることは、おそらく最初に出された製品の改善にもつ

ながるのです。

　商業的メイカー製品は、ユニークであると同時に人間的です。図3-3は、私の現在進行中のプロジェクトのひとつ、ボトルキャップ・ノブ（http://bottlecapknobs.com）です。これはシンプルなギターまたはアンプのノブ用の交換部品で、飲む、歌う、吸うのテーマでゴミを再利用するというシガーボックス・ギターの美学に触発されています。廃棄物を使って何かを作るのは古来から人々の気晴らしでした。たとえば第二次世界大戦中のトレンチ・アート[*8]。使用済みの大砲の砲弾には複雑なカーヴィングが刻まれています。瓶のキャップ（王冠）はとりわけ数多くのプロジェクトに使用されてきました。イリノイ州デカルブのマスカー・オースティン・"パウ・パウ"・クリフは、プラスチックと金属のキャップから美しいコンタクトマイクを作っており、私は彼の作品に触発されたのです。

　一度は廃棄されたものを取り入れたことによって、ノブはひとつひとつが一点ものとなり、そこにもメイカーとしての自分にとって感情に訴える価値があります。私はこれらのビールやソーダを飲んだ時のことを、全部ではないにしろ覚えています！私はどこへ行った時にもキャップを集めるようになりました。サンフランシスコ、アイオワ、シカゴ、ルイヴィル、ロシアまで。メイカーでない友達も模様がついている部分を曲げることなくキャップを開ける正しい方法を身につけて、キャップを譲ってくれるようになりました。

　ボトルキャップを使える品に変身させるのは厄介です。キャップの裏側は、炭酸が抜けるのと錆びるのを防ぐ目的で、たいていプラスチックの膜で覆われています。この表面には糊がよく

つかず、上の面は金属なので、穴を開けるのは困難で、また開ければデザインを損なってしまいます。ありがたいことに、レーザーカッターの精度をあげることでこの問題は完璧に解決しました。再生木材を瓶の飲み口と同じサイズに切り出して、小さな自家製のジグと打栓機用ベルを使って、キャップにひだをつけます。それこそもともと瓶にはめられていた時のように！このキャップはぎざぎざのポテンショメーターシャフトにもぴったりですし、誰でも機材をカスタマイズするのに利用でき、ある意味、他人と違っていることを恐れない新しいメイカーを生み出しているのです。ここで使われている材料はすべてタダで、それを賢く利用してユニークな完成品ができあがるという事実に刺激を受ける人もいるかもしれません。これらのキャップはおよそ1ドルで販売されています。大きくはないですが、結局のところ100％近くが利益になります。少しばかりの自分の時間をマイナスすることになりますが、これは起業家あるいはプロのメイカーの初期投資として普通のことです。

図3-3｜ボトルキャップノブはポテンショメーターに個人の色をつける（写真：アレックス・ダイバ）

料理人が気持ちを込めたソウルフードがおいしいように、メイカーたちが作った製品は、その核の部分に決して取り戻すことができないそれぞれの人の時間が注がれているからこそ、特別な感じがするものなのです。

――
*1　1983年発売のアクションパズルゲーム。
*2　1994年〜1997年に放映されたテレビアニメ。
*3　航空通信システム・航空電子機器の大手メーカー。
*4　サーキットベンディングのお祭り。ベントフェス。2006〜2009年開催。
*5　ローファイな80年代ゲームサウンドを奏でる回路。
*6　ものづくりの方法を共有できるコミュニティサイト。
　　http://www.instructables.com/
*7　機器の修理情報の提供や部品パーツの販売等のサイト。
　　https://www.ifixit.com/
*8　戦場の兵士達が薬きょうや金属片といった残骸物を使って作ったもののこと。

PROFILE◎アレックス・ダイバ（Alex Dyba）はソビエト連邦だった頃のモスクワに生まれ、現在はミネアポリスに住んでいる。彼のホビーはTalking Computron名義での音楽演奏、新しい製品の開発、友達と家族といっしょにウイスキーを飲むこと。彼のお気に入りのフットボール・チームはヴァイキングス。　　（写真：アレックス・ダイバ）

04 メイキング・イット
ジミー・ディレスタ

ジミー・ディレスタはメイキング界のマルチタレントだ。手先が器用で経験豊富な彼は、TVカメラの前でやすやすとものを作ってみせる。そんなディレスタ流のものづくり哲学。

　自分はすごく小さな頃からメイカーで、欲しいものを思い描いては、すぐにそれをどうやって作るかを考えはじめていた。9歳か10歳の頃には矢を射るクロスボウを作りはじめた。課題となったのはトリガーの仕組みだった。トリガーをひとつ作ってはテストし、完璧になるまで試作を繰り返した。どうやって古い車のタイヤやバスケットボールに穴を開けるかが問題だった。ほとんどの子どもはバスケットボールをやりたがるが、おれはその代わりにボウガンを開発し、ボールの革に穴を開けることになった。こうした仕組みを作るには、何千もの小さな決断と試行錯誤が必要だ。トリガーのばねの張力、弓やゴムの強度、矢のバランスなど。子どもの自分は、そこで何を学んでいるのかに気づいていなかった。そこで自分は、いまでも日常的に考え、使っている技を学んだのだ。機械式の手も子どもの頃に作ってみたかったもののひとつだ。人間の手を模倣するさまざまな方法を考え、どんな風にジョイントが閉まってバネが開くかを探究するのが大好きだった。そのうちおれはそこを卒業

し、エンジンとバイク、それから車、アンティーク機械など、さまざまな道具に進んだ……好奇心と妄想はプロのメイカーの初期段階に最も重要なものだ。

　人をプロフェッショナルにするものはいったい何だろう？　おれはしょっちゅうこの質問を受ける。おれは20年にわたってNYCスクール・オブ・ヴィジュアル・アーツ（SVA）の生徒および教師として過ごしたので、たくさんの若い人たちが「プロ」になるのを目にしてきた。プロフェッショナリズムの追求に関しては、おれが観察し、実践してきたいくつかの要素がある。

　はじめのうちは、おれは自分の経験のためにあらゆる仕事を請けてきた。その頃おれが学んだのは、どんな職でも経験のある人が雇われるものだということだ。高校生の頃は、看板屋の仕事をアシスタントからはじめた。家では帯ノコで文字を切り出していた。ある日、自分には看板屋の帯ノコで文字を切れるだけの技量があるのを示すことができた。次第におれは、看板のための文字を切るために1日のほとんどの時間を座って過ごすようになった。おれは18歳で、50歳の男に次ぐスキルを身につけていた。それから30年ほど経ったいま、おれは自分の看板を切るのにたいていの場合はCNCマシンを使っている。技能を身につけるために時間をかけるのは最も重要なことだ。ギターの弾きかたを覚えるのと同じように、練習こそが完璧への道なのだ。

　カレッジでの教育を終えてからは、与えられた仕事はなんでもやった。いつか自分の日給をあげ、さらにその数字を上昇し続けることができるように、経験を得て基礎を築こうとしていた。おれはいまでも新しいことを学ぶためならば無給で仕事を請け

ている。そうするのは、自分の問題解決スキルをきちんと時代に合ったものにしておくためだ。はじめてCNCルーターを買った時には、仕事の実践から学ぶ必要があった。ただただソフトウェアを使って学ぼうと、クライアントが求めるものなら何でも作った。常に驕らず、あらゆる状況から学べるものを探し続けることが、どんな時でも自分のためになった。

　ひとが不満を口にするのは聞きたくない。自分がそんな風になるのは絶対にいやだ。長時間労働であろうと、骨の折れる仕事だろうと、無能な上司だろうと、おれは決して文句は言わなかった。おれはただ、自分がしたいこととしたくないことのリストにそれを加えただけ。そいつのためには働きたくないタイプと、タダで働いてあげてもいいような良い人とを区別すること！　良い人たちは、君に自分のしていることを誇りに感じさせてくれるもので、そういう人間からはいつも学ぶことがある。

　おれは長いあいだ、おもちゃの製造の仕事で中国に旅してきた。おれはエンジニア兼デザイナーだった。おれは問題解決係

図4-1｜工房のジミー・ディレスタ（写真：ステット・ホルブルック）

だった。ほとんどの場合はフリーランスとして働いていた。中国の人たちとの仕事から学んだことで最も有益だったのは、外注せず自給自足でやることの大切さだった。おれと仕事した工場とエージェントは、プロジェクトのあらゆる側面を管理していた。おれはクライアントのために仕事をする時、「それを管理する」。その仕事のあらゆる側面を管理したいと思う。与えられたタスクのために下請けを雇うことができない時、すべてを自分でできるのが望ましいと思う。どんな仕事についてもあらゆる工程を学習することができ、これは下請けとコミュニケーションを取り彼らの仕事を理解する助けとなった。

　中国の工場およびエンジニアと仕事をしていた時は、いつも「モーマンタイ」というフレーズを耳にしていた。「問題ない」という意味だ。冒険野郎マクガイバーのように、その場で考えて解決することが重要だ。ある親しい友達はいつもおれに、「正しく進ませて！」と言っていた。困った時にはいつも心の中に彼女の声が響く。おれはあらゆる可能性を試し尽くして何かを考え出すことを、自分にとってのチャレンジにしている。状況に踏み込み、利用できるものを何でも使って問題を解決するゲームを自分自身とやっているのだ。

　15年ほど前のこと、おれは棚を取り付ける仕事をしていた。はじめ、おれはその壁をシートロック（石膏ボード）だと思っていたが、それは間違いだった。その壁はれんがだったのだ。ちゃんとしたネジが手元になく、また日を改めて取り付け作業をしなければいけないだろうと考えた。しかし、そこでおれは自分の中でブレインストームを開始した。れんがにドリルで穴を開けて、そこに鉛筆のかけらをハンマーで打ち込んだら、一

般的な木ネジを使うことができるんじゃないか？（幸運にもおれのかばんの中には鉛筆が8本入っていた）それ以来、れんがの壁への取り付けの仕事にはいつも木製のペグを持って行くことにしている。これはお金で手に入るたいていの解決策よりうまくいく。こうした状況から、いつも新しいことが学べるものなのだ。

　プロとして素人との違いを決めるのは、シンプルなことだ。常に時間を守れ、可能ならば早めに。常にペンと紙、定規を持ち歩け！　どんな時におれがイラつくかといえば、「デザイナー」と会って、そいつがおれのペンを借りた時だ。こいつは先のことを考えられない人間だ（彼らがおれのペン"と"定規を欲しがったら、それはどうみても悪い兆しだ）。あらゆるミーティングにきちんと準備して臨め。図面や写真を持参し、写真を撮れ。へまは無用！　正確であれ。

　自分のクライアントに対して正直でいることは絶対だ。もし嘘をついたり言い訳をはじめたりしたら、この先、長期間にわたって君はバカだと思われるだろう。おれは常に責任を取る。どんな伝達ミスでも後始末をする。無理な期待につながる恐れがあるからだ。すべてがeメールで文章化されているように努め、コミュニケーションを記録に残しておくことは重要だ。すべての仕事をきちんとすれば、クライアントは君を尊敬する。そして何より、常にすべてを時間通りに、予算内で仕上げることだ。

　常に答えを用意しろ。決して「わからない」と言うな——常に心の道具箱が開いている状態で問題の解決に臨め、あるいは少なくとも問題を解決するために対話をはじめろ。自分の経験をあたり、答えを見つけろ！　言葉に詰まることのないように。

おれはしばしば生徒たちに、その場で質問に答えさせる。たとえば、質問「どうしてこの色を選んだ？」、回答「わかりません」。ダメ！　回答「私がこの色を選んだのは、あなたの靴の色に合うからです！」。どんな答えでも「わかりません」よりはましだ。このあいだ見たTEDトークで、スピーカーが観客に「できるまではできる振りをしろ」と言っていたが、まさにそれこそおれがここで言いたいことだ。デザインの打ち合わせで、準備不足に見えないように対話をはじめたら、そのうちどうしたらいいのか思いつくかもしれない！

　弟とのテレビで、彼はいつも「改良にノーと言うな」と言うが、それはデザインにおいても同じだ。それは君を思ってもみなかったところに連れて行くのだ。

ギターとおもちゃを作る

　おれがSVAで最後に習った教師のひとりが、おもちゃ発明家のマーク・セットデュカティ（http://en.wikipedia.org/wiki/Mark_Setteducati）で、おれは彼に勇気づけられて発明家になった。卒業してすぐ、おれは彼がおもちゃのアイデアとマジックのたねを開発するのを手伝いはじめた。彼におもちゃ業界の人々を何人か紹介され、仕事が広がる一方で、自分の製品と問題解決能力を向上させるべく訓練を重ねていた。学校では、自作ギターの実験を行っていた。製品を開発するのと同時にやっていたのだ。

　ある友達がおれをギター店に紹介し、おれは彼らのためにギターを2、3本作った。店のオーナーのひとりは、フランク・ザッ

図4-2｜ディレスタの工房は道具、素材、古いプロジェクトでいっぱい（写真：ジミー・ディレスタ）

パやデヴィッド・リー・ロスのバンドにいたことで有名なギタリストのスティーヴ・ヴァイ（http://en.wikipedia.org/wiki/Steve_Vai）の知り合いだった。

　そういうわけでおれは自分にとってはじめてのセレブリティ・ギターを、スティーヴ・ヴァイのために製作した。彼はそれを、おれが手渡したその日にデヴィッド・レターマンの番組に出て弾いたんだ！　それは1990年のことで、5か月ほど学校を離れていた時だったから、おれは自分がプロみたいに感じたよ！ その次の日、おれのガールフレンドは店でレジ打ちをして働いていた。とあるロックンロール野郎が彼女にちょっかいを出していた。彼女はそいつにおれのことを話し、おれがギターを作っていると言った。彼女はスティーヴ・ヴァイ・ギターの写真を見せた。彼は前の晩にそれをデヴィッド・レターマンで見ていて、すぐおれに会いたがった。彼の名前はアダム・ホランド。ESPギターとスポンサー契約を結んでいるプロのギタリストだっ

た。これがきっかけでおれは彼のためにいくつかのギターを作り、ESPとの関係を築いて、自分のポートフォリオにいくつかのいい作品が加わることになった。

　2013年の春、おれの友達で元会計士の男が、ワイクリフ・ジョン（http://en.wikipedia.org/wiki/Wyclef_Jean）と彼のツアーの資金を調達する仕事をしていた。ワイクリフは、銃のかたちをした自分モデルのギターが欲しいと口にした。彼はシカゴの路上で発生している暴力行為への応答として、銃をギターに変えるというコンセプトを示したかったのだ。友達がおれとワイクリフを引き合わせ、4月13日、金色のAK-47ギターが生まれた。アサルトライフルの骨組みをもとに構築された完全なエレクトリック・ギターだ（図4-3）。

　ギターに加えて、おれはおもちゃも作っている。1990年に学校を離れた瞬間から2008年頃まで、おれはおもちゃとそれに関連するからくりを開発していた。クラフトの分野でいくつ

図4-3｜ディレスタはこのAK-47ギターをミュージシャンのワイクリフ・ジョンのために製作した（写真：ジミー・ディレスタ）

か、悪趣味おもちゃの分野で2、3を、発明および設計してきた。おれの最大の発明品はガーグリン・ガッツ（http://en.wikipedia.org/wiki/Gurglin_Gutz）というおもちゃで、心臓、脳みそ、眼球を模したスクイシーボールだ。これはぐにゃぐにゃする触感のボールおよびおもちゃの先駆けで、この分野はシーズンごとに悪趣味を追求している。

　おれはいまもおもちゃの発明とコンサルティング業を続けている。最新のプロジェクトは、Basic Fun社がビューマスター[*1]を復活させる手伝いだった。おれはステレオ画像の世界に完全に浸り、またそれらが開発され作り出されていく過程は、豊かな歴史を持つ偉大な製品についてのすばらしい学びの経験となった。

テレビ番組

　ある日、弟のジョンが、ゴミの中から見つけたものでテーブルを組み立てるところを撮影してくれとおれに頼んできた。その頃、彼は俳優だったがハリウッドのテレビの仕事がちょうど途切れており、ゴミから見つけた木片で作ったものを、地元のフリーマーケットで販売していた。それは2002年、おれはFinal Cut[*2]で動画編集をやってみていたので、彼を撮影しに行ってそれを7分のビデオにまとめた。彼のエージェントにとっては、動画の出来が良かったことはうれしい驚きだった。この動画がきっかけとなって、FXネットワークで会議が開かれることになり、ちゃんとしたテレビ番組の制作に向けたアイデアを提案した。裏方のデザイナー兼プロデューサーとして仕事を獲得で

きればと思っていたので、会議にはポートフォリオとぶ厚いアイデア集を持って行った。手描きのスケッチとフォトショップの画像による、番組のためのさまざまなアイデアだ。FXで顔を合わせたプロデューサーは、カメラの前に立つ気はないかとおれに尋ねた。これはまるで予想外のことだった。せめてセットの仕事ができればと思っていたのだから。もちろん、おれはイエスと答え、プロデューサーは、おれが「デザイナー」の兄でジョンが「おかしな」弟という役割のアイデアを気に入った。

　その数か月後、おれたちは「トラッシュ・トゥ・キャッシュ」と題された番組の収録をしていた。おれたちは7話分を撮影した。これは、おれとジョンがゴミからものを作るだけの番組。おれにとって最初のテレビ番組だった。

　おれはさらに「ハンマード」という番組を作った（制作中の仮題は「ジョンとジミーとものづくり」）。おれたちはこの番組のためのデモ版を、制作会社もネットワークもなしに自分たちだけで作った。おれの友達が美容師で、彼女の顧客のひとりにHGTVネットワークの重役がいた。彼女は重役におれのことを話した。おれは彼女にビデオを送り、その12か月後には「ハンマード」はHGTVのために制作されていた。この番組は、2006年から2007年のあいだに28話が放送された。

　2004年の夏、おれは「ロード・オブ・ザ・フリーズ」というコンセプトのためのデモを作った。ゴミを見つけて、それに手を加え、フリーマーケットで売る番組だ。みんなに好評だったが、テレビ番組契約の申し出はなかったため、自分のYouTubeチャンネルで公開した。誰も見なかったわけではなく、このアイデアを気に入った人もいたが、広く関心を集めること

はなかった。

　2010年、ある友達から、彼が働いている新しい制作会社に会いに来ないかと連絡があった。彼らは新しい看板を必要としていて、おれがそれを作ることになった。そこにいるあいだに、新番組の提案を受けつけていないか彼らに尋ね、友達に「ロード・オブ・ザ・フリーズ」のYouTubeリンクを送った。制作会社の社長はその夜におれに電話してきて、これを見せて回ってもかまわないかと言った。彼はその週のうちにそれをディスカバリー・チャンネルに見せ、10か月後には実際に制作に入った。ディスカバリーはこの番組のタイトルを「ダーティ・マネー」に改めて放送した。2011年夏には、ネットフリックス用に第1シーズンを制作した。ディスカバリー・ネットワークの重役レベルの組織改変の影響で、第2シーズンの制作が難しそうになったので、おれはYouTubeで番組視聴者たちと接触を保つことに決めた。2011年の秋に最初の動画を公開し、それ以来、自分が早回しでものを作る動画を125本以上は投稿している。いまやおれには世界中にファンがおり、すてきなeメールとコメントを受け取って、もっと作っていこうという気にさせられてるんだ！

　この道のりはおおよそ楽しく、次の仕事がどこから来るのかはまったくわからない。すべての問い合わせを真剣に受けとめることが大切だ。何が起こるのかわからないのだから。この記事で書きたいくつかのことは、自分がいまでも日常的に実践していることだ。たぶんそれがおれをプロフェッショナルにしているんじゃないかと思う。この道のりで学んだことを、おれは決して忘れはしないだろう。それはこの旅路をさらに満足のい

図4-4｜「ハンマード」のためにふたりで建てた犬小屋の横でポーズを取るディレスタと弟のジョン（写真：ジミー・ディレスタ）

くものにする。技術的なことも、個人的なことも、その両方でも。全部が君をプロにする助けになるんだ！

---

*1　円盤状のフィルムを挿入して立体視できる3D写真ビューワーおもちゃ。
*2　アップルのビデオ編集ソフトウェア。

PROFILE ◎ ジミー・ディレスタ（Jimmy DiResta）は経験豊富なテレビタレント。彼はカメラの前でデザイナー兼ビルダーを務める。ジミーは拾ったものとさまざまな道具と技術で問題を解決する持ち前の能力と自身のカリスマ性を、汗と力とともに組み合わせている。彼はディスカバリー・チャンネル、HGTV、DIY、FXネットワークに、番組ホストあるいは共同ホストとして出演している。

（写真：ステット・ホルブルック）

05 制約の力
マイケル・クランプス

元プログラマーのマイケル・クランプスは、ArduinoのわずかなRAMにアイデアを詰め込んで製品を生み出した。いまや国土安全保障省からも引き合いがあるというその製品とは?

　もし5年前、誰かが僕に近づいてきて「君は5年後には自分で設計した電子機器を売るビジネスをやっているよ」と言ったとしたら、それに対して僕は「君は完全にいかれてる」と言い返したに違いありません。僕の反応はたぶんこんな感じだったでしょう。「誰か他の人と勘違いしてるんじゃない？　僕はソフトウェア・エンジニアで、電子機器のことは何も知らないもの。僕には堅実で割に合う職があるし、何かを作って売るほどの勇気はないよ。そういうことはやらないね。人違いだよ」

　しかしご覧の通り、僕はいまnootropic design（ヌートロピックデザイン、https://nootropicdesign.com/）というエレクトロニクスの会社を経営し、自分で設計した製品を世界中の何千人もの顧客に販売しています。フルタイムの仕事を続けながら、うちの地下室でやっているのです。確かに、人が新しい技術を学んで小さなビジネスをはじめるのはそれほど突飛なことではありません。何千もの若き起業家精神の持ち主たちが新たなテクノロジーを創造し、立ち上げのためにクラウドファンディングの

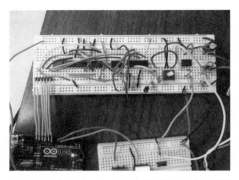

図5-1 | オーディオ・ハッカー・シールドのブレッドボード試作品（写真：マイケル・クランプス）

キャンペーンを張り、カフェインとラーメンで暮らしています。しかし僕が起業したのは40歳の時で、これまでの職歴とは異なる分野でした。これは僕の人生においてまったく予想外の展開であり、同時にこれまでの人生で最もやりがいのあることでもありました。

　すべてはArduinoからはじまりました。Arduinoは、膨大な数の趣味のプロジェクト、アート・インスタレーション、ロボット、そして実のところさまざまな関連製品の家内工業の心臓に位置するものとして広く普及しているマイコンボードです。僕は2009年にArduinoを注文し、誰もがやってみる最初の課程、LEDを点滅させるところからはじめました。プログラマーのみんなのために言っておくと、LEDの点滅は、新しい言語を学ぶ時にまず「ハロー、ワールド」プログラムを書くことのハードウェア版にあたります。僕は他のみんなと同じようにそこからはじめて、熱中するようになりました。自分がこの小さ

なArduino基板を使ってできることすべてを学びはじめました。LEDやモーターといった他の部品にも手を伸ばし、エレクトロニクスについて自分にできる限り学びました。僕は他の人の作品から学び、部品のデータシートを読み（データシートが何なのか知ってからのことです）、夜遅くまで地下室で回路をつないで過ごし、時にはちょっとした煙を出したりもしました。身の周りのどこを見ても電子機器が目に入ってきて、それらがどういう仕組みで動いているのかわかりはじめていました。キッチンの器具、自動車のダッシュボード、どこでもです。それはまるで霧が晴れたような感じでした。僕はますます長い時間を地下室での機械いじりに費やすようになりました。

　しかしこれは自分らしくありません。僕はこの手のことをする人ではありません。ずっとテクノロジーの世界で働いてきましたが、この新しい情熱は一体どこから来たのでしょう？　これのどこがそんなに違うのでしょう？　そのうちに、答えがはっきりしてきました……。

制約の力

　僕はソフトウェア開発者として、Arduinoについているようなマイクロコントローラーのためにコードを書く場合、とても制約が大きいということをすぐに理解しました。使えるRAMは2Kしかなく（キロバイトであって、メガバイトではありません！）、スピードはたったの16MHzです。ビデオなし、オーディオなし、他の部品とつながるのは片手ほどのI/Oピンだけです。これは残念なことに感じられるかもしれませんが、しかし真実はその

逆なのです。あらゆる種類のデザイナーたちは、これまでもずっと制約が創造性を解き放つものだとわかっていました。制約は絶え間ない挑戦を差し出します。制約は目的を達成するために賢い手段を見つけることを人に強います。制約は人に新しいテクニックを生み出させ、近道を見つけさせ、トレードオフを査定させます。僕の場合、小さなマイクロコントローラーでできることすべてをしぼり出させました。学んでいるうちに、映像信号の処理、アーケード用アクションゲーム作り、音声を扱うデジタル信号処理など、かなり重たいことをArduinoを使って実現する方法を編み出しました。

　僕はRaspberry Piなどのよりパワフルな開発者用基板でも遊んできました。これはLinuxが使えて、Arduinoの40倍速く、メモリーは26万2,000倍です。でも悪いけど、これは僕をそんなにはワクワクさせないのです。このようなよりパワフルなテクノロジーを使ってすばらしいものが作られてきたことは知っていますが、僕にとってはそんなに楽しくないのです。僕はもともとつつましい人間だから、より少ないものでなんとかするのが好きなのです。

　こういう風に考えてみましょう。世界最強のハードウェアと、考えうる限りのあらゆる道具と素材を誰かにプレゼントされ、望むものをなんでも設計して組み立てていいと言われたら、あなたはどうしますか？　つまり、何でもできるとしたら？　紙の上では良く聞こえるかもしれませんが、制約が何もなかったら、心の底からの創作意欲はわいてこないものです。もちろんそうした状況をうまく利用できる人もいるだろうけれど、僕には、何らかの厳しい線引きが必要なのです。それが僕の創造性

を刺激します。他にも大勢のテクノロジー・デザイナーたちが同じことを言うのを耳にしてきました。だから制約を受け入れ、もしかしたらそれが創造性を解き放つために必要な秘密のソースかもしれないと考えるのです。

新たな性能の力

　小さくてシンプルな電子機器の持つ制約によって情熱と創造性に火をつけられた僕は、さまざまなアイデアを思いつくようになりました。プロジェクトに限らず、プロダクト（製品）もです。Arduinoからは、「シールド」と呼ばれる拡張機能ボード（図5-2のプロトタイプのような）をはじめ、核の部分にArduinoマイクロコントローラーを使ったさまざまなデバイスの活気あふれる製造業の世界が立ち上がりました。Arduinoを使うことでたくさんの人たちがマイクロコントローラーのプログラムのやりかたを学び、そこからおのずと多くの人々がシールドをはじめとするあらゆる種類の装置の設計をはじめ、それらを市場に持ち込みました。モーター・コントローラー、ロボット工学のプラットフォーム、GPSレシーバー、ネットワーク用インターフェイス、音楽プレイヤー、そしてカラフルに点滅するLEDを使ったガジェットたち。それはたくさんのLEDがあります。

　でも、はたしてそれが自分にできるだろうか？　僕には電子機器のアイデアと、その設計に必要なテクノロジーの知識は（かろうじて）ありましたが、はたして売れるようなものを実際に作れるのか？　何百もの疑問が、昼も夜も僕の頭の中を行き交いました。どうやって基板を設計したらいい？　それを製造す

図5-2｜nootropic designのビデオ・エクスペリメンター・シールドのプロトタイプ（写真：マイケル・クランプス）

るには？　他の部品はどこから調達する？　自分の製品をどこで売る？　自分のeコマースサイトを立ち上げて顧客に直接販売する？　配送はどうする？　クレジットカード決済はどうやる？　収益を出すなんてことができるのだろうか？

　まるで自分が巨大なパズルを解こうとしているかのように感じました。僕はひとつひとつ、自分の製品を販売するのに必要なことすべてに解決策を見つけていきました。基板のレイアウトについて学びました。小ロットでプリント基板の製造を手頃な価格でやれる業者を見つけました。最安値を求めてこの惑星じゅうをあたりました。クレジットカード決済ができるeコマース・サイトを立ち上げ、ウェブ・ホスティング会社の落とし穴について学びました。自分の顧客をサポートするために、フォーラムとブログを設置しました。小包を世界中のあらゆるところへ送る方法と、家で宛名ラベルを印刷する方法を学びました。注意深く丁寧な梱包と、最良の梱包資材はどこで手に入るのか

を学びました。

　僕は正しい道具とサービスを見つけることによって、これらを実現できるようになりました。僕はこのような一式のツールを、自分が操作するひとつのプラットフォームとして捉えています。これらのひとつひとつにたくさんの選択肢があり、大志を抱くメイカープロは、念入りにリサーチを行うものです。すばらしいことに、あなたはこうした性能を持つプラットフォームを、無料あるいは安価なツールで構築することができ、それはどんどん改善されています。稼働中のプラットフォームを手にすることが、単純に夢を抱いている状態と、夢に取り組むことができる状態の違いなのです。

　これらを全部整えるのはたいへんでした。長い時間がかかりました。もどかしく、問題も発生しましたが、力を注いだ甲斐がありました。必要条件のうち、基板を小ロットで製造する、部品を小ロットで調達するといったことは、10〜15年前には端的に言って不可能でした。このような、あなたのツールのプラットフォームに利用可能な新しい機能と豊富すぎる選択肢が、メイカームーブメントの中心にあります。これらの新しい機能は夢追い人とクリエイターに、実現力をもたらします。アイデアはどこにでもあるものとよく言われます。多くの人々がアイデアを持っているけれど、それをどうにかしようとする人はほとんどいません。創造性とインスピレーションがアイデアを生みますが、何かがはじまるのは実行することからなのです。

失敗

　起業家精神についての議論が失敗の重要性について言及しないまま終わることはありません。意気揚々とした20代の起業家たちが、失敗はすばらしい、なぜなら僕たちは失敗から学ぶことができるからと語るのをしばしば目にします。「失敗してもオーケーです！　事実、失敗するのはすばらしい！」と、彼は笑顔を浮かべて言います。

　僕はそういうやつは好きじゃないですね。

　彼がいいところをついていることは、まあ認めましょう。僕は失敗や間違いから多くを学んできましたし、それはそれ相応に痛みを伴うものでした。失敗は最悪、でも僕はそこから学びました。とはいえ僕は失敗はいやですし、自分の失敗について笑顔になることもないでしょう。電子機器の製造と会社経営は、驚きと予想外の展開でいっぱいで、しかもその多くはうれしくないものです。

　最初の製品は本当の失敗作でした。それはシンプルなArduinoシールドで、これを使えばアウトプット用のピンを増やすことができました。僕は大ヒット間違いなしと思っていました！　残念なことに、僕はエレクトロニクスの世界では新参者だったので、自分のものよりもっと高性能で安い製品がすでに市場に出回っていることに考えがおよんでいなかったのです。インターネットで競合製品について調べる際に、どんな言葉で検索すればいいのかすら知らず、これがすでに存在していることに気づかなかったのです（「I/Oエキスパンダー」で検索するべきでした）。別の言いかたをすれば、僕は自分が「発明した」

と思い込んだ製品を表す正しい用語すら知らないぐらいの新入りだったのです！　当然、僕は需要を高く見積もりすぎていて、決して来ることのない大量注文のために時間とお金を費やしてしまいました。結果が出ないことにがっかりしてしまいましたが、好奇心と意欲が僕を前へ進め続けました。取引が発生しなかったため、次の製品に取り組む時間がたっぷりありました。なんと楽観的なのでしょう？　まあ、僕はそうするしかなかったんです。

メイカープロとして成熟する

　スタートはゆっくりでしたが、それから4年、僕には8つの製品があり、そのうちのいくつかはとてもうまくいっています。いちばん成功した製品は信管除去クロックです（図5-3）。これは爆弾のような見た目の目覚まし時計を組み立てることができる電子工作キットです。僕は電子機器を売り、各自がそれを爆

図5-3｜マイケル・クランプスの信管除去クロックは他の時計と同じ程度に安全（写真：マイケル・クランプス）

弾のような素材に取り付けます。偽ダイナマイトの棒でも何でも。僕の顧客は驚くべきデバイスを組み立てていて、僕はそれらの写真をサイトのギャラリーで公開しています。

　これはどうみても挑発的な製品で、雑誌や新聞、数え切れないほどのウェブサイトで取りあげられました。関心を集める良い方法は、人々の心のボタンを押すことです。痛いところを突くように努めましょう。そして人々が広めたくなるような、いい製品写真を撮ることです！

　どんな関心でも歓迎というわけにはいきません。ある日、僕はある特定の場所からのウェブ・トラフィックが急上昇していることに（Google Analyticsを利用して）気づきました。国土安全保障省です。ワシントンD.C.全域の何百ものビジターが、国土安全保障省経由で信管除去クロックを閲覧していました。僕は誰かがドアを蹴破ってくるのではないかと考えて一日中汗びっしょりでした。その次の週には、Maker Faireに参加するためニューヨークに飛ぶ予定があったのです。僕が搭乗拒否リストに入っていたら？　結局、何も起こらず、それから何年も経っても僕は信管除去クロックを売り続けています。これを爆弾処理訓練に利用するというので法執行機関に売ったことも一度ではありません！

　もちろん僕は経営についてたくさんのことを学んできました。税金、カスタマーサポート、サプライチェーン・マネジメント他、考えられるもろもろのことを。最も重要なのは、僕が自分自身について学んだということです。いまや僕は自分がテクノロジーを、その発見の喜びとそこからもたらされるものを心から愛していることを知っています。会社の役職においてもっと

出世したいとは願っていません。なぜなら、それはおそらく僕を本物のテクノロジーから遠ざけるだけだからです。僕は新しいことを試す（そして失敗する）勇気を身につけ、引っ込んでいるよりもスポットライトを浴びているほうがくつろげる人間になりました。否定的なフィードバックには面の皮を厚くして臨むこと、思いがけない問題に柔軟に対応することを学びました。また、ほとんどのサプライズは実のところポジティヴなものであり、ネガティヴではないということも理解しました。

　信管除去クロックについてもうひとつ。僕のウェブサイトには、理解を呼びかけて以下の申し立てが掲載されています。

「これはただの時計です。もしあなたがFBI、国家安全保障省、CIA、ATF、防衛省、国家テロ対策センター、インターポール、海軍特殊部隊チーム・シックスだった場合、僕はあなた側の人間です！　ね、僕たちはクールでしょう？」

　僕は現在、訓練に利用する信管除去クロックを米国海軍に提供するための仕事をしています。皮肉なことに、海軍特殊部隊チーム・シックスが本当にあれを訓練に使うこともありえるのです。これは僕にとって、笑って話すことのできる思いがけない展開でした。

PROFILE ◎ マイケル・クランプス（Michael Krumpus）はミネソタ州ミネアポリスのソフトウェア・エンジニア兼ハードウェア・デザイナー。彼はミネソタ大学でコンピューター・サイエンスの修士号を取得しており、ソフトウェア・デザインの世界で25年の経験がある。（写真：マイケル・クランプス）

06 メイカースペースは旧来のアーティスト・スタジオを時代遅れのものとしたか？

スーザン・ソラーズ

スクラップをアップサイクルしてベンチや家具を作るアーティスト、スーザン・ソラーズ。彼女は破格で利用できる地元メイカースペースを拠点に活動しており、その魅力を語る。

　バックミンスター・フラー[*1]は、「人間の真の仕事は、『おまえは稼いで暮らしを立てなければいけない』と教えられる以前に考えていたことまで戻ることだ」と、たびたび言っていました。私にとってそれは視覚芸術（ヴィジュアル・アート）でした。20代前半、私はスタジオで制作される類のアートを学び、カクテルウェイトレスのアルバイトで収入を得るのに加え、自分のドローイングや絵画を日用雑貨や散髪や食事と交換していました。しかし、立体作品に取り組みはじめるやいなや、彫刻こそ私がやるべきことだとわかりました。

　それに反して、両親や助言者たちは、アート業界はあまりにも競争が激しいと言って、私に他の道を選択させようとしました。私は野外にいるのが好きだったので、生物学を選びました。この誤った選択によって、私はカレッジを出てから大学院に6年通い、その後10年にわたって長期の仕事の口を断り（どうしてそんなことをしたのかと自分で訝しがりながら）、うまくやっていけなかったりなじむことすらできなかったりしつつ、仕事

を転々とすることになりました。2012年、私は特に息苦しい仕事で苦しみながら、変化を起こさなければいけないと悟りました。2013年1月、自分は彫刻家として働いていくと改めて誓いました。

　手ごろな価格のスタジオを探すのは難儀でしたが、ある時Twin Cities Maker（TC Maker）を見つけました。ミネアポリスのシュアード区にあるミッドセンチュリーの軽工業用ビルに入居している団体です。私のマルチメディア作品には、空間だけでなくレーザーカッターや溶接工具などの高価な機材が使える環境も必要です。私はTC Makerのハッカースペース、The Hack Factoryで、自分に必要なものすべてを見つけ、創造的アイデアを追求し芸術的ヴィジョンを磨きはじめました。

　The Hack Factoryは、多くのヴィジュアル・アーティストにとって、旧来の貸しスタジオよりも使い勝手がいい場所です。大きなインスタレーションを準備するのに充分な広さがあり、1個1個、システム全体の構成要素をスペースに並べて編集を行うことができます。メンバーが制作中のプロジェクトは完成までこの場所に置いておくというのが、ひとつのルールです――それができるスタジオで、賃貸料がひと月あたり100ドル以下だなんて！

　メンバーたちは他のみんなのプロジェクトにも関心を持っていて、時間に関してとても気前がいいようです――12人以上いる他のメンバーたちは、もう何百時間も私の彫刻を無償で手伝ってくれています。

　ハッカースペースのメンバーたちはものを作ることを楽しむ人たちです。なので、彼らは新しいテクニックを学ぶために、

図6-1 | オリガミチェアに腰掛けたスーザン・ソラーズ（写真：E・ケイティ・ホルム、http://katieholm.com）

または利己的な好奇心から無償で手伝いを申し出ているのだろうと思うかもしれません。しかしこの場合はそうではないようです。「作り、学び、教えろ」に加え、TC Makerのスローガンにはもうひとつの信条があります。すなわち「お互いに優しくあれ」。これはメンバーにとって重要なことです。この団体内部には、強力な助け合いのコミュニティがあります。他のメンバーも私自身と同じぐらいに私が何かを成し遂げるのを見たいと願っているかのように感じられます。The Hack Factoryで、私はこれまでずっと求めていた、協力的な励まされる環境を見つけました。

　ここには私の最新の課題について知りたがり、進んでいっしょにブレインストームをしてくれる誰かが常にいます。何人かのメンバーがアイデアを交換し、ひとつかふたつの選択肢を試してみる手伝いを実際にしてくれることすらあります。それがうまくいかなかった時には、スタッフを兼ねるメンバーたちも信

じられないくらい気前よく時間を割いてくれます。それ以前に彼らは、長い時間をかけて無償で施設と機械を最高の状態に維持しているのです。彼らはしょっちゅう難しい工程でメンバーたちを手伝っています。

　この団体は、木材・金属素材店でおなじみのあらゆる機材を使えるようにしています。メンバーになれば、金属に加えファイバーグラスやアクリルなど、たいてい何でも使うことができます。私は共有の機材を使って自分の作品を制作しています。もしもメタルバンドソー、テーブルソー、ボール盤、ブリッジポートのフライス盤といった機械が必要な部分を自分で作ることができなかったら、私の彫刻は制作費がかさみすぎて私には実現不可能だったでしょう。

　そして制作中のアーティストに必要なのは、作品を作る場所だけではありません。未来のクライアントやコラボレーターと会う場も必要です。The Hack Factoryには3つの会議室があり、メンバーはこれをコラボレーションとミーティングのために利用できます。大きな教室もあり、メンバーは全員、授業をしてそれぞれの専門知識をシェアするよう促されます。教える人が受講料を決め、合計金額の半分を手にします——これもやりくりに苦しむアーティストにとって恩恵のひとつです。私はこの夏、はじめての講座でファイバーグラスの使いかたを教えます——これは去年、The Hack Factoryで独学した技術です。

オリガミ・ロッカー

　私の最初のプロジェクトは、フランク・ロイド・ライトの椅

子のリデザインでした。ライトによるオリジナルのオリガミ・チェアは、座っている人が前のめりになると、前に傾いてしまいがちなことでよく知られています。ライトはデザインを改める代わりに、補助脚を加えることでこの問題を「解決」しました（先端を金属にして、デザイン的に意味があるように見せました）。何年か前、私はこの椅子をリデザインしようと試みましたが、あまりうまくいかなかったので、もう一度やってみたかったのです。

　私はThe Hack Factoryの機材を利用して、前脚を大きくしました。しかしながら、それでもまだ傾いてしまう問題は消えませんでした。危険というほどではなかったのですが、椅子から立ち上がる時にギクッとする瞬間がありました——これは確かに椅子として望ましい品質とは言えません！

　失敗に終わった合板模型を「ご自由にお持ちください」材木の山へと引きずっていく私を見て、ハッカースペースのメンバー

図6-2｜スーザン・ソラーズのオリガミ・ロッカー・チェアは名品を改良した（写真：マイケル・トローメル）

のひとりが、倒れてしまう椅子はいい揺り椅子になるかもね、と言いました。その時はあまりにもがっかりしていて、そのアイデアについて考えることはできませんでしたが、翌日、揺り椅子は完璧なソリューションだと私は悟りました。これは他のメイカーからの提案が、私が障害を克服する助けになった数多くの例のうちの最初のひとつです。

　私は揺り椅子の弧はどのようにあるべきかを学ぼうと、調査を行いました。どんな揺り椅子も、弧の部分は直径が椅子の「座面高×π」と等しい円に沿った曲線を描いていることがわかりました。弧のかたちを決定したら、発泡スチロールから模型を切り出し、専門家を雇って2本の正方形管をこの模型に合うかたちに曲げてもらいました。それから椅子の脚と尾に取りつける鋼板を何枚か作りました。次のステップは、細い管をいくつか鋼板に溶接し、それから椅子の本体をその管に溶接することです。しかし、私は溶接のやりかたを知りませんでした！

　幸運にも、The Hack Factoryが設けているさまざまな講座の中には、溶接もありました。ミグ溶接とティグ溶接の週末講座を終えた私は、椅子に弧の部分を溶接できるだけの技術を身につけていました。それからボディフィラー（パテ）と発泡ウレタンスプレーでエルゴノミクス（人間工学）座席を成型しました。さあ、座り心地を試す時です。

　地元メイカーコミュニティの産物を呼び物にした2日間にわたるイベント、Minne-Faireの開催が迫っていたので、私は未完成の椅子を展示してフィードバックを集めることにしました。何人かが試しに座った時点で、私の成型ミスがあきらかになりました。座ってみた女性はみんなこの椅子を気に入りましたが、

男性はみんな中心の隆起のうしろの半分が高すぎると感じました！　私はかたちを調整し、間違いなく男性と女性の両方が快適に座れるようにしました。

　スポーティでモダンな見た目にしたかったので、私は椅子を光沢性の高いファイバーグラスで仕上げることに決めました。Hack Factoryにもファイバーグラスを扱った経験のある人はいなかったので、私はYouTubeの動画を見てやりかたを学びました。

　ほとんどの椅子は、ファイバーグラスの層1枚と、4枚か5枚のレジンの層で覆われています。私はファイバーグラス・レジンを一般的な顔料で色づけすることで、椅子を塗る必要がなくなるのではないかと考えていました。しかし私はすぐに、レジンには不透明な成分が含まれておらず、とても透明度が高いことに気づきました。したがって、起伏のある座席部分を作り出すために私が使用したボディフィラー2種類のそれぞれ異なる色が、ファイバーグラスとレジンを3層重ねても目に見えてしまうのです。

　透明度と表面に問題があるということは、私が椅子を塗装しなければならないということです。スプレーガン、塗料、その他の必要不可欠な機材の経費を検討した結果、私はこの椅子を自動車塗装の店で白に塗ってお金を節約することに決めました。私は、チャック・テイラーの靴に似た白いゴムを、椅子の底と弧の部分の横にもスプレーしました。スポーティな見た目で、床を傷から守る手段です。私はこの秋、オリガミ・チェアをはじめて正式にお披露目するのを楽しみにしています。

ミュージカル PVC ベンチ

　2013年の夏、私はセントポールの繁華街で期間限定の展示をするため、ちょっとした助成金を与えられました。この街は屋外で座ることのできる場所が限られていて、歩行者たちはひと休みするのに建物の一部を使わざるを得ない状況に置かれていました。屋外で座ることのできる場所の必要性を訴えるために、私は機能的であると同時に、たとえ公共物であっても退屈なものである必要はないことを示すベンチを制作しました。

　私は垂直方向のPVC（塩ビ）パイプをたくさん使って、S字型の「ミュージカル・ベンチ」を作ることにしました。このパイプは非常に頑丈なのに加えて、スプレーペイントが日射しによる黄ばみを防ぐはずです。地面につかない長さのパイプを使っているので、雨が降ってもまっすぐにベンチを通り抜け、雨または雪のあともすぐに利用することができます。地面につかないパイプは、上部をスポンジ製のパドルで叩いて、音を響かせることもできます。私は利用者にスポンジ製のパドルを提供して、このベンチをインタラクティヴかつ「ミュージカル（音楽的）」なものにしました。座って休んでもいいし、パドルを手にとって音を出したり、短い曲を演奏したりもできるのです。

　私はSketchUp[*2]を使ってデザインを考え、パイプの部分をくっつける手段として溶剤接着について調べ、必要な材料を集めました。The Hack Factoryのメンバー仲間に、輪と輪が接する部分の表面積がほとんど無いと指摘されたので、私はパイプどうしがしっかりくっつくように表面積を大きくしました。何種類かのノコギリを苦労して使ってみたところで、別の見識

図6-3 | スーザン・ソラーズとPVCミュージカル・ベンチ（写真：ジェフリー・トンプソン／ミネソタ・パブリック・ラジオ・ニュース©2013、ミネソタ・パブリック・ラジオより許可を得て使用、無断複写・転載禁止）

あるメイカーがジグを作ったので、私は溝かんなを使ってそれと同じ量のPVCを削り取ることができました。

　ジグが導入されても、私は決まった日までにベンチを完成させられるかどうか心配でした。ベンチが公開される日まで3週間を切って、私の手元には切断して削って溶接するべき270本のPVCパイプがありました。また私は組み立てたベンチの上部にやすりをかけ、スプレーペイントを施し、スポンジのパドルを作り、パドルをワイヤーロープでベンチにつけなければなりませんでした。ここでもふたたび、メイカーコミュニティが私をおおいに助けてくれました。

　私は課題を説明しボランティアを募るのに、TC Makerブログとソーシャルメディアを利用しました。6人のメンバーが100時間ほど費やして、ベンチをスケジュール通りに完成させることを可能にしてくれました。9月には、ミュージカル

PVCベンチは公共の場に設置され、一般の人々から大好評で、地元のメディアにも取りあげられました。その後、ベンチは地域改善プロジェクトを展開しているデイトンズ・ブラフ地区に寄贈されました。

結論

メイカースペースは伝統的な貸しスタジオ以上にアートの制作に適しています。協力的かつ励みになる環境と、他のメンバーの専門知識は、私が自分のプロジェクトを実現するのにまったくもって欠かせないものでした。この環境は他のアーティストにも恩恵を与えるでしょう。いまのところ活動中のアーティストは他に2、3人しか登録していないのですが。しかしながら、機材や会議室、ためになる講座が楽に利用できること、進行中のプロジェクトを置いておけること、そして費用の安さがありますから、今後たくさんのアーティストがメイカースペースのコミュニティで成長していくと、私は信じています。

———

*1 アメリカの思想家、建築家、デザイナー。ジオデシックドームや著作『宇宙船地球号操縦マニュアル』で知られる。
*2 3Dモデリング・ソフトウェア。フリー版もあり広く普及している。

PROFILE ◎スーザン・ソラーズ（Susan Solarz）は家庭、職場、公共空間用のシンプルな家具に取り組むスカルプター。彼女は雨のあとすぐに乾く屋外用ベンチ、サイドテーブルとしてもスツールとしても利用できる家具など、問題解決を提示するプロジェクトに興味がある。可能な時はいつでも、PVCや鋼の電線管など、工業原料のスクラップをアップサイクルする。彼女の作品はすべて、安全で快適な環境における人間のインタラクションを奨励している。（写真：マイケル・トローメル）

07　君のメイカーシェルパを連れて行け
ロブ・クリングバーグ

大人のレゴファン向けにレゴ用自動照明装置を販売する会社を経営するロブ・クリングバーグ。試行錯誤で会社を立ち上げた彼の肩書きはいまも、「チーフ・エンスージアスト」！

　私が小さな照明に熱中するようになってから数週間が過ぎ、すでに自分の大ざっぱなプロトタイプをこれから商品化できるものにしていこうと決心していた時に、妻が非常にいい質問を投げかけてきました。「もしあなたの作っているような製品への需要がそんなに大きいのなら、どうして他の誰かがまだそれを作っていないの？」。それから3年間、調子がいい時も悪い時も、この質問は私の頭の中にあり、その答えこそがスタートアップの成功と失敗の違いを決める鍵です。

　今日のメイカーたちは、エレクトロニクス、製造、工学、人材の使いかたに関して、何十年にもわたって積み重ねられた進歩の頂点に座っています——これらのすべてが、私たちが新しいものを生み出し、歴史上最も参入障壁の低い活発な市場にそれを送り出すことを可能にしています。20年前、私たちは工場を必要としていました。最小ロットを注文するのに前もって大金を投資しなければなりませんでした。多くの場合、昼間の仕事を辞めることを迫られました。そして、自分たちの製品を

実現するのに必要な技術を学ぶために学校へ通うか、すでに学んだ誰かを雇うかしなければなりませんでした。今日、私たちに必要なものは、PayPalアカウントと、インターネット接続と、自分のアイデアは最高だと信じる、時に狂気すれすれの強い想いだけです。

　これはとても誘惑的なことで、もしかしたら誘惑的すぎるぐらいかもしれません。自分たちは自分たちのアイデアを誰の助けも借りずに市場に送り出せる（そしてもちろん荒稼ぎできる）、と考えるのはたやすいことです。ですが、本当のところ、現実はまったくその反対だということを、私はこれまで見てきました。この件について、いまからお話したいと思います。

　私は2011年からBrickstuff（ブリックスタフ）を経営しています。まず第一に、世界中のアダルト・ファンズ・オブ・レゴ（AFOL）[*1]コミュニティのために、ミニ照明とオートメーション機器（図7-1から7-3）を製造し販売する会社です。顧客は私たちのモジュラー・システムを用いて、自分たちで組み立てたレゴの模型に照明などの効果を追加します。私たちの売り上げは大繁盛とはほど遠いですが、過去2年間は倍々に成長しており、2013年には世界22か国に製品を出荷しました。私の役職名は「チーフ・エンスージアスト」。これはデザイン、製造、パッケージ、販売、すべてをやっている男を指し示す思いつきの名称です。スターター・キットのためのバッテリーパックを製造するためハンダごてを手に夜更かしするのも、AFOLコンベンションに参加するため雪の中6時間運転するのも、フィリピンに向かう途中に消えてしまった小包の行方を追うのも、データシートと首っ引きになるのも、DigiKey（デジキー[*2]、http://www.digikey.com/）

図7-1 | Brickstuffはレゴブロックの家にぴったりの小さな照明機器を製造する(写真:ロブ・クリングバーグ)

の複雑怪奇な検索インターフェースを使いこなそうと努力するのも、全部私です。

　私には3人の子どもと、フルタイムで働く妻、そして別にフルタイムの仕事があります。このビジネスが家族を養っていける（そして私が紐を引いて本職のジャンボジェットからパラシュートで脱出することができる）ところにまで育つかどうかはいまだにわかりませんが、しかしひとつだけ確かなことがあります。私がこの先も会うことがないであろう人々のアイデア、労力、汗、情熱がなければ、私は自分がいま立っている場所にはいなかっただろうということです。これらの人々は私の教師であり、デザイナーであり、反対者であり、製造者であり、小売店代表であり、評判を広めるチームであり、支援機構です。彼らは私に圧着端子と圧接端子の違いを教え、トースターで基板を料理する方法を実演し、中身と同じようにパッケージにも気を配ることの大切さを理解させ、私でも国際輸送規則を使い

こなせるということを証明してきました。結局のところ、これらのレッスンのおかげで状況はだいぶ変わってきましたが、しかし最初の頃は、ほとんど全員に同じ質問をされたものです。「照明？　レゴのための？　どうしてそんなものを作りたいんだい？」。

　この質問への答えには、少々説明が必要です。私は子どもの頃、電子機器をいじるのが好きで、もらったおもちゃ、贈り物や鉄道模型をなんでも分解していました（運がよければ、ふたたび組み立てなおすこともできました）。プログラミングにも手を出してみましたが、しかし高校の数学で壁にぶつかり、テクノロジーへの情熱は冬眠期に入って、カレッジでは英語を専攻しました。その後、通信、物書き、セールスの仕事をやってきましたが、機械いじり好きの心は表面下で常に生き続けていました。

　私が人生経験を重ねているうちに、さまざまな産業で大きなチャンスが発生し、メイカーの参入障壁は低くなり、テクノロジーの民主化はかつてないレベルまで進みました。私はこの変化の恩恵を、完全に受けているというわけではありませんでした。それぞれ互いに関係のないふたつの進化の証しが、私のダイニングルームのテーブルに集まってくるまでは。第一の進化の証明は、2010年後半、Arduinoと呼ばれる細くて黒いマイクロコントローラーのかたちをして現れました。はじめてこのボードとその性能について知ったのがどこだったかは忘れてしまったけれど、これは英語専攻の人間でも理解できるプラットフォームだとすぐにわかりました（Arduino言語のベースとなっているProcessingは、もともとアーティストのために開発されたも

のです)。私は最初のArduinoを、2010年の大晦日、Sparkfunに注文しました(注文番号#298718、Arduino Pro Mini 2台)。他のメイカーたちの多くと同じように、私はマッシモ・バンジとArduinoプロジェクトの関係者全員から途方もなく大きな恩を受けています。電子工学の専門家たちはこの部分をあまり聞きたくはないでしょうが、私のような英語専攻の人間が、小さなLEDを灯させるマイクロコントローラー・プログラムをもとに事業を実現することができたのは、Arduinoのおかげです。もし私がアセンブラを学ぶのにかかりきりにならなくてはいけなかったとしら、何もはじまらなかったでしょう。

　第二の進化の証しは、私の家のダイニングルームのテーブルの上に、大きな、値の張るレゴブロックのセットのかたちでやって来ました。グランド・エンポリウム・キット(AFOLによれば、商品番号#10211)です。これは私にとってはじめての大型レゴ・キットで、組み立ててみると、この製品の細部の表現、とりわけライトの要素にびっくり仰天しました。それは私が幼かった頃の、色もかたちも限られていたレゴではなく、たいていのものなら再現できる立派な模型素材でした。グランド・エンポリウムは、正門の外に小さなランタンがついていて、舗道には街灯が立てられ、最上階にはすてきなシャンデリアが吊されていました。これらはこのままで既にとても美しいのですが、しかし点灯はできないのでした。この時点でレゴとArduinoが結びつき、自分が何を組み立てるべきかわかったのです。レゴはキャンバスになり、Arduinoで作動するSMD LEDは絵の具となるでしょう。こうしたことのすべてが、私を妻の非常にいい質問へと立ち返らせます。「もしあなたの作っているような製品へ

の需要がそんなに大きいのなら、どうして他の誰かがまだそれを作っていないの？」。

　私はそれからまもなくして妻の質問への答えを見つけました。すでに何人かがレゴ照明のビジネスを立ち上げていましたが、AFOLが照明製品に求めているレベルのシンプルさと完成度を達成している製品はまだ出ていなかったのです。需要は大きいように思えました（レゴの世界規模の爆発的人気を考えると）。しかし、どうやってはじめたらいいのでしょう？　参入障壁は高くありませんでした。私には自分のドメインネームも、Twitterのアカウントも、家の地下の作業場もありましたし、DigiKeyおよびMouser（マウザー）[*3]に注文した部品がまもなく玄関先に届くことになっていました。ここが誘惑的な部分です。必要な部品を手に入れるのはすごく簡単に思われ、さらにArduinoのおかげで、自分のアイデアを実現するプラットフォームもすでに持っていました。全部自分ひとりでもできるんじゃないか？　それはどれくらい難しいだろうか？　しかし私はすぐに、人の助けなしではほとんど何もやり遂げることができないということを知りました。

　アイデアを商品化しようと試みるメイカーなら誰でも、製品を考案する段階は、いくら遠くまで来たと思っても、製造の過程においてはようやくエベレストのベースキャンプに着いたようなものだということを知っています。他のほとんどの人たちよりは遠くまでやって来ているけれど、本当に厳しい部分はまだはじまってはいません。あなたには頂上が見えるけれど、しかしそれは想像するよりはるか遠くにあるのです。虚勢と謙遜を正しく混ぜ合わせてタスクに向かわなくてはいけないし、たっ

たひとりで頂上までたどり着こうと思わないほうがあなたのためです。

　私は最初からBrickstuffを会社にしたいと思っていたので、理屈の上では、もし必要なら事業規模を大きくしてもよかったのですが、しかし、破産することなく自己資金型で製品を市場に送り込むことができるように、まずは小さくはじめました。私の経験では、これが起業の最も手強い部分です。できる限り小さくはじめて、すべて（手続き、製品、仕入れ、値段）を構築しておけば、アイデアがうまくいった時に規模を大きくすることができます。私はこれを、ガラス板の上でビー玉のバランスを取ろうとしているようなものだと感じました。レールを外れないように保つには、たくさんの微調整と絶え間ない動きが必要とされるのです。たくさんの人がビー玉を落としてしまいます。誰もがエベレストの頂上にたどり着くわけではありません。私は登山中にビー玉のバランスを保ち続ける男になりたかったのです。

　上を目指して進む私がつまづくのにそう長くはかからず、すぐになぜ自分がやろうとしていることを、これまでにもっとたくさんの人々がしてこなかったのかがわかりました。最初のプロトタイプを組み立ててから、私は私が考えるところの伝統的な製造販売の道筋を探りました。製造設計会社、電子機器製造会社、ワイヤーとケーブルの会社、マーケティング会社。

　大きな製造設計会社との最初のミーティングのことを私は決して忘れないでしょう。私は火傷しそうな夏の日、ミネアポリスの繁華街にある彼らのオフィスに車で向かいました。車のトランクには私のレゴ・グランド・エンポリウムとその場しのぎ

のライトを入れて。私は彼らのきれいなオフィスへの階段をのぼって全部を運び、大きな会議室テーブルにデモ・ユニットを組み立てました。エンジニアとマーケティング担当者たちは部屋にやって来るなり、名刺を渡してきました。なんとかがんばって実現にこぎつけたミーティングでした——ある友達のおかげで、会社の上層部の人々に時間をもらうことができたのでした。

　デモンストレーションですべてを見せ、私の事業計画の概要を説明したところで、決定的な質問が出ました。「このプロジェクトに投資するのに、あなたが持っているのは100万ドル未満だということですか？」。なぜなら、いいアイデアを持っていたらまずそれくらいが必要だというのです。はじめるためだけに100万ドル。彼らは僕の血の気がひいている様子から、最初から高く見積もりすぎていたと考えたようで、代わりに、たったの1万4,000ドルでライフサイクルアセスメント（環境影響評価）を担当すると申し出たのでした。

　この時点で、私は気分を悪くしていたと言ってもいいでしょう。こんなことが本当に必要なのか？　あわてて制作した動画を使った必死のKickstarterキャンペーン、続いて私のいかれた計画に投資させるために友人や家族に必死で電話をかける情景が頭に浮かびました。私は荷物をまとめ、時間を割いてくれたことに礼を言い、両方の申し出を断って、帰宅しました。

　このあと数週間、私は昔ながらの専門家たちと関係を築こうとしましたが、同じことでした。電子機器製造会社は、1万ドルと100万組の最小ロットを要求しました（それにしても、この数字は一体なんなのでしょう？）。LED照明会社も同じで、私の問い合わせに応じすらしませんでした。そして私は地元の

マーケティング会社に3,500ドルを支払って会社のマークやロゴを制作させましたが、私の12歳の娘が数時間アドビ・イラストレーター（Adobe Illustrator）を使えばもっといいものになったに違いない出来でした。

　誤解しないで欲しいのは、私が関わろうとした会社はそれぞれにそれなりの立場があったということです。各社とも10年かそれ以上にわたって営業を続けており、どんどん大きくなっているようでした。問題は彼らにあったのではありません。私の側の問題です。彼らはエベレストの頂上からヘリコプターで降りないかと申し出てきましたが、私はベースキャンプを出発したばかりでした。そのうちに、ものすごい大金を底なしの穴に投げ入れても、その見返りがほとんど得られない場合があり、そういうやりかたは私の段階ではちっとも有益ではないということを、私は理解しました。昔ながらの業者をあたることをやめて、それぞれの分野に関して民主的な協力を受けることがで

図7-2｜いくつかの点灯パターンを備えたBrickstuffの照明コントローラー（写真：ロブ・クリングバーグ）

きないか探ってみようと決めるまでは、たいして前進できませんでした。正しいアプローチはすぐ目の前にありましたが、最初は私には見えなかったのです。私はこれをハリー・ポッターがはじめてダイアゴン横丁を見た時のような気持ちだと説明しています。必要なものすべてが揃った隠された世界が、なんてことない風景の裏にあるのです。必要なのは、ちょっと振り返ってみることだけ。私のダイアゴンは、Elance（エランス*4、http://elance.com）でした。ここはフリーランス求人情報サイトのひとつとして人気が高く、仕事の生まれかたを変えつつあります。ひとつ例を挙げましょう。

　3,500ドルを支払ったコーポレート・アイデンティティのさえない出来をめぐって地元マーケティング会社ともめていた時、ふと思いついて、同じプロジェクト・リクエストをElanceに投稿してみました。60分もしないうちに世界中から応答があり、だいたいのところ希望の報酬は地元の会社に較べるとごくわずかでした。これらの会社のポートフォリオを調べ、アルゼンチンの会社を選んでPayPalで150ドルを送金しました。1週間後、まさに私が求めていたものが届きました。賢くユニークなロゴの数々と、今日でも私の会社の目印となっているマークです。私は地元の会社と交渉して50％を返金させ、他にElanceの人々に依頼するべきものはないか検討に取りかかりました。

　それからの数か月間、私はElanceでさらに有益な経験をすることになりました。私はマレーシアの会社を雇い、100ドルとしてはこれまでに見た中で最良のマーケットリサーチ報告を受け取りました。これはヨーロッパ市場のマーケティング戦略を練り直す助けとなり、またAFOLコミュニティの重要なイ

ンフルエンサーを特定したことには、はかりしれない価値がありました。私はボストンのデザイナーを185ドルで雇い、フォーチュン500企業に匹敵するクオリティの見本市用バナーを受け取りました。そして最も意義深かったのは、オーストラリアの電子工学エンジニアを雇ったことで、この人物は現在も私の考案する基板すべてを背後から支えています。Elanceを介してできたつながりから派生して、世界最高のワイヤーおよびケーブル製造業者も見つけました。Elanceでの契約相手が私が信用に足ると評価してくれたので、私は一般的な製造業者の最小ロットの半分の量からイニシャルオーダーを出せるようになりました（500個からオーダーできるのは、売れるかどうかわからない段階で1,000個のオーダーが必須とされるより都合が良いのです）。

　合衆国を拠点にしている製造業者が最初の問い合わせメールに返事すらよこしてこない時でも、中国と台湾の大会社からは数時間のうちに応答があり、私をメールの署名にふさわしいプロフェッショナリズムをもって扱ってくれます。彼らは真実を知っているのかどうか。こちらがミネソタ州セントポールの石炭室を改装した地下室で営業しているたったひとりの会社だと！

　私の熱意が向かう方向はどうやら正しく、なんとかやっていけそうだとなったら、私は優れたLED製造業者を見つけるべくデータシートを調べて、中国最大の会社のひとつに身元を明かさず問い合わせをしてみました（IKEA製品を製造しているのと同じ会社です）。今回も、すぐにカスタム仕様の情報と見積もりも含んだ返信が届きました。各製品の製造コストを見て、私が作ろうとしてきたビジネスモデルは実現可能だとわかりま

した。グーグルマップにも現れない深圳の住所にPayPalで資金を送ってから1か月後、ハンドメイドのLEDストリップライト2,000個が、一点の曇りもない透明エポキシ樹脂の下に私の会社の公式ウェブサイトのアドレスが入った状態で、うちの玄関先に現れました。ミネアポリスの製造会社だったら一体これにいくら請求してくるだろうか、この半分の量だとしても、と考えてしまいました。

　本当のところを言えば、いやな体験もいくらかありました——ひとりで何でもやる道を行く場合、それは避けられません。Elance契約者の何人かは約束通りの仕事をしませんでしたが、しかしこれは悪意があってのことではなく、昼の仕事をしながらフリーランス市場に斬り込もうとする人々の、本来は良いものであるはずの熱意がうまく働かなかったのだろうと考えています。Elanceの第三者預託の仕組みのおかげで、私は時間を失うだけですみました。私はこれからも古風な会社を相手にいやな思いをする代わりに、この「即失敗」経験の危険を選ぶつもりです。

図7-3｜レゴの建物を1区画ぜんぶライトアップしたい？　ならコントローラーを増やせばいい（写真：ロブ・クリングバーグ）

Elanceからさらに広がって、私は顧客を一等市民として捉え、商品企画への協力を求めることを学びました。はじめて自分の製品をウェブで売りに出した時、私は、さまざまな品を複雑に組み合わせて、理想的な照明システムを作るいくつものやりかたを提示したつもりでした（もちろん、私の頭の中ではの話）。私は商品を売りに出し、お金がどんどん入ってくるのを待ちました。

　2週間後、私はまだ待っているだけでした。何が問題だったのでしょうか？　自分のレゴ作品にはどれを買えばいいのか、誰にもわからなかったのです。ある有名なレゴ・ブロガーが、スターター・キットをいくつか作ったらどうかと提案しました。それは現在でも人気の一品となっています。製品開発サイクルの一部を手放なすことを学ぶのは困難でしたが（とりわけ新製品には研究開発、設計、製造にそれぞれ3,000ドルから4,000ドルが費やされていることを思うと）、しかし結局のところ私はビジネスをしているのですから、顧客のひとりひとりが、私がはじめてグランド・エンポリウムについているすべての照明を点灯してみた日と同じように、「わあっ」と感激する瞬間を体験することが優先です。

　お客さんと話し、彼らの作りあげた驚くべきものを目にすることは、この道のりすべてにおける最大の喜びのひとつです。朝起きて、一夜のうちにクロアチアから注文が殺到しているのを見た時もわくわくしました（クロアチアの人はどうやってBrickstuffのことを知ることになったのでしょうか？）。はじめてのお客さんが、うちの製品を見るまでレゴの模型にどうやって照明をつければいいのかわからなかったと言うのを聞くと、

いっそう大きな満足を覚えます。そしてさらに私が好きなのは、見本市で親たちが私たちのテーブルにやってきて、スターター・キットをひとつ買うのはいいアイデアだと子どもを説得しようとして会話がはじまる時です——親はこれを買うことが子どものためになると位置づけているけれど、ふたたび子どものように遊ぶために許可を得たいのは親のほうだということが、私にははっきりわかります。こうした経験の数々によって、バッテリーパックを製造するために夜遅くまでハンダ付け作業に費やした日々が、報いられるという以上のものになるのです。何よりも、私は私たちが常に限界を超えようとしていることを知っています。産業の民主化と変容は進み、私が決して顔を合わせることのないであろう人々の群れが、私がクールな材料を見つけてきて、それをみんなの目を輝かせるようなものにするのに、すすんで手を貸してくれることを知っています。

　最後に、私がBrickstuffでやろうとしているようなクレイジーなことを、どうして他の人たちはやろうとしてこなかったのか、という私の妻の質問への最良の回答は、おそらくこうです。彼らは私ほどラッキーではなかったのでしょう。私は山の頂上を目指すうちに、私を助けてくれる偉大なシェルパたちに出会ってきましたから。

---

*1　大人のレゴファンのコミュニティ。https://www.reddit.com/r/afol
*2　電子部品の通信販売サイト。http://www.digikey.jp/
*3　電子部品の通販サイト。http://www.mouser.jp/
*4　クラウドソーシングのプラットフォーム。

PROFILE ◎ 大企業にクラウド・ソフトウェアを販売する昼の仕事をしていない時、ロブ・クリングバーグ（Rob Klingberg）はBrickstuffのチーフ・エンスージアストとして活動している。彼が2011年に設立した、主に世界のアダルト・ファンズ・オブ・レゴ（AFOL）市場を対象とする照明および自動制御製品を製造する会社だ。ロブは幼い頃Atari 800でBASICのプログラミングをして
いたが、カレッジでテクノロジーの道から離れ、英語を専攻した。Brickstuffの製品を通じて彼に出会った人々から、きちんと訓練を受けた電気技師だと思っていたと言われると気分がいい ── 君がそう言わなくても大丈夫。ロブはミネソタ州イーガンに妻と3人の子どもと住んでいる。

（写真：ロブ・クリングバーグ）

08 僕はメイカーじゃない、ビルダーだ
ジョー・メノ

広告の仕事を失って無職になったジョー・メノは、フロリダに向かった。ディズニー・ワールドのレゴショップで働きはじめた彼はいつしかレゴ専門誌の編集長＆ビルダーになっていた！

　僕はメイカーだ。
　でも僕は3Dプリンターも、電池も、工具も使わない。僕が使うのはおもちゃ。僕はレゴブロックを使う。僕はレゴ部品のホイール、ビーム、プレートを使う。でも僕は、いわゆるレゴ以上のものを作る。ただのレゴとはかなり違う。ブロックは僕の作品の出発点でしかないこともあるんだ。僕とブロックの話をしよう。これは、現在進行形で書かれている物語だ。
　物語がはじまったのは何十年も前のこと。僕は、ドイツではじめてレゴのセットに出会った。僕は軍人の子どもで、家族はドイツのマインツに駐屯していた。時は70年代。娯楽に関しては、父が管理していた映画館を除いてたいしたものはなかった。テレビはモノクロの米軍放送ネットワークのみ。そこではじめて僕は『スタートレック』なる番組を見て、宇宙と科学が大好きになった。月着陸船のレゴ・キットを手にしたのもこの頃で、これはブロックの世界へと足を踏み入れる大きなきっかけになった。僕は自分の作品を作りはじめ、そのほとんどは水

中がテーマだった。なぜかというと僕は図書館でジャック・クストー*¹の本に出会って、海に夢中になっていたから。宇宙にも心惹かれていて、僕は月着陸船を組み立てるのに加えて、自分でモノレールも作った（方向転換のターンテーブルまでついていたけど、素朴なブロックらしい見た目だった）。組み立ては母国に帰るまで続けていて、僕はほとんどのレゴをドイツに置いていった。

　中学にあがる頃には、僕はかなりの科学ギークになっていた。レゴをそんなに組み立てなくなった時期、僕は自分の創造性を追求するために他のことをやっていた。僕は本を元に絵を描いたり、学校の楽団に参加したりしていた。そんな時でも、僕は自分の一部をうちにあるレゴ用ケースの中に置いてきていたみたいだった。それから何年かして、カレッジに通っていた頃に里帰りした時、僕はレゴのケースが廃品回収に出されそうになっているのを目にした。僕はいくつかのブロックを手に取り、テーブルの上で簡単な塔を作った。母はそれを見て、レゴブロックを取っておくことにした。ちょうどその頃、レゴで新しいものが作られつつあり、僕はそれに気づいた。僕はときどきセットを購入するようになって、その中には空気力学セットもあった。クレーンを動かす小さな手押しポンプが入っているんだ。なんてかしこいんだろう！　僕は説明書にある模型を組み立てて、そのセットを取っておいた。その時僕は、ノース・カロライナ・ステイツ・スクール・オブ・デザインでデザインを専攻していた。決して遊ぶ時間があったわけじゃない。そして学位を取って、世界に飛び出し広告業界に行き着いた。その時にはわかっていなかったのだけど、大々的な遊びへと戻る準備が、ゆっく

りと整いつつあったんだ。

　広告の職を2、3やって何年か経ったところで、ようやく僕は広告は仕事として自分の人生を捧げたい分野ではないことに気づいた。もし必要ならば自分は視覚的な素材を短時間で作り出すことができることがわかったけれど、アート・ディレクターを務めていた代理店が突然潰れてしまった時、そこへの関心を失ってしまった。主要クライアントに切られて、僕たちの代理店は1か月後に解散した。僕は数か月、無職もしくはフリー契約で生活し、自分はもう若くないのだと悟って、ならば完全に思い切ったことをやってみようと決心した。

　僕はウォルト・ディズニー・ワールドで働くために、34歳でフロリダへ引っ越した。それまでの4年間、僕は地元のディズニー・ストアで働いていたんだ。当時、小さな代理店で働いていたので、それは完全に人との関わりを保つことが目的だった。だから、これはすごく単純な乗り換えだった。ストアで働くのが好きだったから、テーマパークへ行くのもそんなに大きな飛躍じゃない。そうして僕は車に荷物を積み込み、ダウンタウン・ディズニーのディズニー・クエスト[*2]に向かった。生計を立てるために他に副業が必要だった。そこで僕はレゴ・イマジネーション・センター[*3]に応募した。このふたつの場所は、まったく思いがけず、僕のこの後の人生の礎を築くこととなった。

　レゴでは、建物の外のアクティヴィティ・エリアで騒々しい子どもたちを見張る仕事が与えられたこともあり、長くは続かなかった。僕はフロリダの熱と湿気の中でぐったりしていたけれど、この仕事が力を注ぐ甲斐のあるものになった理由はひとつ、売店で従業員割引が効いたことだ。それは1998年で、僕

は発売されたばかりのスター・ウォーズのXウィングのセットを買った。

　そして僕は心を奪われた。ダウンタウン・ディズニーの外の木陰でそれを組み立てるうちに、カレッジ以来、感じたことのなかった何かが僕の中で光るのを感じたんだ。僕はさらにいくつかのセットを購入し、コンピューターを使ってオンラインでレゴの製品を探しはじめた。僕が見つけたのは、eBayで安く売りに出されたセットと、オンラインのレゴ・コミュニティ。僕は他のセットを購入することができ、さらに他にも僕のような人たちがいるのを見つけた！　突然、僕の宇宙は膨張し、レゴのビルダーたちの世界規模のネットワークを知ることとなったんだ。レゴの仕事は全然続かなかったけれど（ちなみに6週間）、僕に世界の広がりを示した仕事だった。ディズニーでおよそ1年過ごしたあと、僕は荷物をまとめてノース・キャロライナへ戻り、新聞社での仕事に就いた。これが1999年で、ここから僕はレゴ関係の作品を組み立てはじめた。

　レゴの組み立ては楽しいホビーだということを発見した僕は、まもなくレゴ・ビルダーに捧げられたギャラリー、Brickshelf（http://brickshelf.com）で自分の作品を見せることで、オンラインで知られるようになった。2001年には、僕はレゴ・ファンのコンベンションに参加することに決め、そこで出会った人々に驚きと喜びを覚えた。みんな、レゴを組み立てているという共通項があった。彼らは僕と同じようにメイカーだったんだ。

　ただ、僕はさらに世界を広げていくのも好きだった。当時のレゴ・コミュニティはとても小さかったので、いろいろな人々にとって発見の時だった。コンベンションは開催されはじめた

ばかりで、僕はこのコミュニティのビルダーのひとりという以上の存在になりたいと思った。単なる模型以上のものを作りたかった。自分には出版とデザイン両方のスキルがあり、それはこのコミュニティでは珍しいということに気づいた僕は、レゴ・コミュニティ雑誌を作りはじめ、それは雑誌「Brickjournal」（http://www.brickjournal.com/）に発展した。創刊号の立派な体裁と記事は、このコミュニティに——そしてレゴグループにすらも——驚きをもって迎えられた。最初のオンライン版は7万部以上ダウンロードされ、3号まで出た時点で、平均ダウンロード数は9万部だ。

僕はコミュニティ・イベントでのボランティアをはじめ、一段ずつ昇進して、そのうち当時最大のコンベンションだった、ヴァージニア州タイソンズ・コーナーでのBrickFest 2006で、イベント・コーディネーターを務めた。それから1年間はイベントから身をひき、雑誌を作り続けた——レゴは「Brickjournal」へ資金提供を行い、僕は出版社を見つけてきた。

9号とおよそ2年間を経て、「Brickjournal」は2007年にオンラインから紙になり、僕はプロの雑誌編集者となった。コミュニティにおける僕の名前は、僕の活動によって成長し、それは2008年にコンベンションを立ち上げるにあたっても助けとなった。そして僕は現在も探究を続けている。

僕のレゴ作品もよく知られるようになり、いくつかの投稿は大々的に広まった。僕はいちばん最初のiPadのレゴ模型を作った（図8-1）。手に持つとどんな感じか知りたかったから——僕はAppleのウェブサイトに行ってスペックを調べ、ぴったりの模型を組み立てた。最初のiPadが発売される数か月前だった

図8-1 | 「BrickJournal」はレゴの組み立てが好きな大人と子どもたちのための雑誌（写真：ジョー・メノ）

図8-2 | ジョー・メノは本物のタブレットと同じ大きさのレゴiPadを組み立ててみた（写真：ジョー・メノ）

ということもあり、写真はFlickrに投稿されたあと、すぐにバイラル化した（図8-2）。

　僕はロボットのWall-E（ウォーリー）の模型も作った。映画が公開される2〜3週間前に完成させたこともあり、これもバイラル化した。僕は、自分のスキルを磨き、「BrickJournal」の編集者としての「信頼性」を維持するためにも、レゴ作りを続けていくつもりだ。

　そして僕は現在も探究を続けている。レゴブロックのおかげで、僕が作った模型は世界中の人々の目に触れ、国立航空宇宙博物館など、思ってもみなかったような場所で展示されている。あちこちに友達ができ、その中には宇宙計画に携わる人々やディズニーのアニメーターもいるよ！　僕の最新作は、『アナと雪

図8-3｜ジョー・メノのウォーリーは映画が公開される前からバイラル化した（写真：ジョー・メノ）

図8-4｜ジョー・メノのオラフ模型は人気ディズニー映画『アナと雪の女王』へのオマージュ（写真：ジョー・メノ）

の女王』に登場する雪だるま、オラフ（図8-4）。どこでひらめいたかって？　ディズニーのストーリーボード担当アーティストのひとりに、オラフを作ってよとせがまれたから！

　また僕は、地元の学校で「ファースト・レゴ・リーグ」[*4]プログラムのボランティア活動を行い、子ども時代に戻っている。探究するのが楽しい一方で、自分が学んだことを次の世代に手渡すことも同じぐらい重要だ。願わくば、レゴの組み立てとプログラミングを教えるうちに、子どもたちに小さなインスピレーションの光が生まれんことを。まだまだ作るべきものはたくさんあって、僕は前へ進み続けている。僕は雑誌、模型、キャリアを構築し続けている。すべてはひとつのおもちゃから。

　僕はメイカーじゃない。レゴのビルダーなんだ。

*1 ジャック=イヴ・クストー(1910-1997)。フランスの海洋学者、海中探検家。
*2 フロリダ州のウォルト・ディズニー・ワールド・リゾート内ダウンタウン・ディズニーエリアにある屋内型施設。
*3 ダウンタウン・ディズニーにあるレゴの専門ショップ。
*4 9〜15歳を対象にしたロボット大会。プレゼンテーションとロボット競技によって構成されている。

PROFILE◎ジョー・メノ（Joe Meno）はAFOLのためのウェブサイトおよび隔月刊誌「BrickJournal」の設立者兼編集者。彼はレゴグループと共同でさまざまなプロジェクトに携わり、ノース・キャロライナ州ローリーを拠点とするレゴ・ファン・イベント、BrickMagicのコーディネーターを務めている。　　　　（写真：ジョー・メノ）

09 実店舗をハックする
アダム・ウルフ

オープンソースハードウェアのキットを開発、販売する「キットビズ」を行うアダムとマシュー。副業にすぎなかった彼らのビジネスに、ある日突然大量注文が舞い込んできた！

　何年か前の1月のある日、僕の電話が鳴った。普段はあまりないことだったが、僕たちの流通担当者のひとりからだと番号から気づいたので、留守電にまかせずに電話を取った。
　「やあ、アダム！　Blinky POV（ブリンキーポヴ）を1万個とBlinky Grid（ブリンキーグリッド）を1万個、最速でいつまでに出荷できる？」
　これまで僕は、まったく普通に感じられるけれど、後から振り返ればそれが人生を変えるものだったとわかる電話を受けてきた。この電話はそういう類のものとは違った。
　マシュー・ベックラーと僕は、Wayne and Layne（ウェインアンドレイン、https://www.wayneandlayne.com/）という小さな電子機器の「キットビズ（キットビジネス）」を経営している。会社の構成員は最初マシューと僕だけで、夜間と週末に働き、顧客が組み立てられるように新しいキットを作っていた。当時、僕らはほんの一握りのスルーホール・キットを、さまざまなオンライン販売店に卸し、一部を直販していた。僕たちはひと月

あたり2〜300個ほどを出荷していて、ひとつのアイテムを250個以上という注文はそれまで受けたことがなかったと思う。僕たちはクライアントと共同でいくつかのデザイン・プロジェクトを手掛け、彼らのアイデアを実体にしたり、プロトタイプから設計図と回路を作り出すのを手伝ったりしていた。僕たちはだいたい週10時間ほど、時にはそれより多く、時には少なくWayne and Layneに費やしていた。

「そうだな、いろいろチェックしなきゃならないけど、だいたい予想で言うと、6週間から8週間かな——中国の旧正月が近づいてるからね、知ってるだろ」

それは1月末のことで、中国のお正月まで2、3週間しかなかった。春節としても知られているこの休日は、多くの国においておおごとなのだ——中国、香港、台湾、マレーシアなど、たくさんの電子機器を製造している国々で。人々は休暇を取り、みんな家族と集まったり、家を大掃除したり、ごちそうを食べたり、花火を仕掛けたりして、ほとんどすべての仕事が止まる。ほとんどの人はこれを好意的に捉えているはずだが、同時にサプライチェーンとやりとりしている人々の心臓を恐怖にぶち込むものでもあるのだ。1社としか取引していなかったら、影響はたぶん10日ほどだろう——しかし、全員が同じ日に休んでいるとは限らないので、もし1社以上と取引していた場合、2月がまるごと失われてしまう可能性もあるのだ。

「ああ！」と、販売店は言った。「私たちは国際的な実店舗営業の大業者と話していたんですよ。私たちは彼らと新製品をたくさん作ってるんですけど、彼らにBlinkyキットを見せたんです。そうしたら彼らが気に入りましてね！」。

Blinky POVとBlinky Grid（図9-1）は、マシューと僕が開発したキットだ。Blinky Gridは、マイクロコントローラーと光センサーがついた電池で動く7×8のLEDアレイ。部品の状態で、ハンダごてで組み合わせてから、僕たちのウェブサイトに置いてあるJavaScriptのページを利用して光らせることができる。このページを使ってあなたのメッセージやちょっとしたアートワークを入力し、サイトの2つの正方形を次々と黒と白に点滅させたりすることができるのだ。光センサーを正方形につければ、蓄積された情報をワイヤレスでプログラムし直し、キットをアップデートすることもできる。

　Blinky POVもほとんど同じだが、こちらLED 8個1列のみで構成されている。Blinky POVを表示させるには、空中で振ればいい。するとLEDの高速点滅を脳がイメージに再構成する。これは「残像効果」と呼ばれるものだ。

　僕たちは女の子のためのサマーキャンプで電子工作とプログラミングの講座を企画した経験から、このふたつのBlinkyキッ

図9-1｜Blinky GridはWayne and Layneのヒット商品だ

トを開発した。僕たちがすでに開発していた別のキットを、学校のコンピューターといっしょに使うにあたって、いろいろな困難——ドライバのインストールに管理者の許可が必要だったり、ハンダ付けの問題がUSBコントローラーを混乱させたり——が生じた。それで僕たちは、物理的に接続したりソフトをインストールしたりせずにパーソナライズおよびアップデートできるキットが必要だ、と決心した。その後1年、夜と週末をかけて、僕たちはBlinky GridとBlinky POVを完成させた。

「彼らはだいたい1万個のPOVと1万個のGridのサンプルオーダーを出したがっているんだ。できるかい？　もしできるなら、どれくらいかかって、いくら請求する？」

僕たちはこの好機について何分か話し合った。流通担当者はすごく気前が良かった——彼らが販売店とやりとりし、いくつかの規制や法的問題を処理したうえで、キットのブランドは僕たちで持っていて欲しいとのことだった。僕はめちゃくちゃ興奮したが、あきらかにデカい、デカすぎるヤマだったので、実際的な決断を下す前にマシューの意見を聞く必要があった。僕はインスタントメッセージでマシューにこのニュースを伝えた。次にするべきことは、仕入れ元にすべての部品の必要な量と、費用と、納品までにかかる時間を問い合わせることだと意見が一致した。仕入れ元はこの規模の注文に対応する準備ができているところばかりではなかったので、僕たちは別の業者を探し回らなければならなかった。もちろん、新しい取引先が納期までに高品質の部品を用意できない危険と、既存の取引先に頼んで対応できない、もしくは費用がかかりすぎる危険とのバランスを取ることが必要だ。また僕たちは、本当に自分たちがこの

話に乗りたいのかどうかも見極めなくてはならなかった。僕たちはふたりとも、これは大きすぎるかもしれないと考えていたし、Wayne and Layneをだいなしにしたくはなかった。

　もちろんクオリティはあらゆるビジネスにおいて重要な部分だが、オープンソース・ハードウェアを製造している場合、それはとりわけ重要になる。あなたが誰でもあなたの製品のコピーを作っていいとしている場合、ビジネスの事情はちょっと違ってくる。それはまるで伝統的なエンジニアリング企業にファッション産業が合わさったようなものだ。あなたが開発したある製品の重要性は目減りしていく。なぜなら、誰でもコピーできるからだ。信頼に足る承認の印、「ブランド」を持っていることこそが、市場であなたと他とを分かつ違いのひとつなのだ。あとの半分は、優れた技術と工程の組み合わせを伸ばすことにかかっている。そうすれば既存の基盤を支えながら新しい製品をすばやく作り出し続けることができる。Wayne and Layneには、これから成長させたいビジネスと技術的スキルのリストがあり、これは僕たちがどのプロジェクトに取り組むべきか決定する際に重要な要素となる。

　僕たちはどちらもすごく頑固で、ともに最終的にはフルタイムでWayne and Layneのために働きたいと願っているが、外部の投資家は受け入れたくないし、どこかに買収されたくもない。マシューと僕はふたりともエンジニアで、Wayne and Layne以外にビジネスの経験はないと言っていい。僕たちは2〜300ドルとキットひとつからはじめたのだけれど、当時クラウドファンディングがいまほど普及していなくて本当に良かったと思ってる！　もしクラウドファンディングを利用していた

ら、僕らがはじめてまもない頃に冒したいくつかの失敗はすごく高くついて、僕たちの信頼性を損なっていただろうし、最初のオーダーを1万組出してしまっていたかもしれない。

　僕たちはこの話に乗らないほうがいいのではないかと真剣に議論したが、リスクを抑えるためにするべきことのリストをブレインストーミングした結果、進めても大丈夫だろうと感じた。この時点では何も正式には決まっていなかったので、僕たちはリストのうちの費用のかからないことすべてを達成させようとした。Blinky GridとBlinky POVはわずかな部品で構成されており、基本的に両方に共通していた。まずLEDが必要だ——Gridに56個、POVに8個——しかし外れたりだめになったりした場合のため、僕たちはそれぞれのキットにあらかじめ2、3個余分に入れようと考えた。何万組も販売するとなると、僕たちにとっては、あとから追加でLEDを送るカスタマーサポートにかかる費用のほうが、単純にはじめから2、3個多く入れておくよりもずっと大きくなるのだから！　光センサー2個、抵抗2個、コンデンサー1個、マイクロコントローラー1個、マイクロコントローラー用のソケット1個、プリント基板1個、電池ボックス1個。電池ボックスは単3電池2本用で、小さな電源スイッチとケーブル2本がついている。電池はこちらでは用意しない。それ以外に、マイクロコントローラーはPOVまたはGridのコードのどちらかがプログラムされていなければならない。

　スケジュールがものすごく重要だということはわかっていたので、国内外のすべての部品のサプライヤーを一覧にした大きなスプレッドシートを作り、2万組のキットに必要な量の値段

図9-2｜部品の山は繁盛している証拠！(写真：アダム・ウルフ)

と納期をうかがう問い合わせのメールを送りはじめた。予想された通り、海外の業者たちは旧正月に伴う遅れについて言及したが、しかしいつも取引している国内の業者は、必要な抵抗やコンデンサーの量に驚きすらしなかったようだ。基板業者としては何も問題ないようだった——彼らが普段受けている平均的な注文の量は、僕たちがいつも頼んでいるよりも、今回の規模のほうに近かった。たくさんの光センサーと、かなりの量のマイクロコントローラーの在庫があった。僕たちはすでに、良質の生産力のある信頼できる国際的LEDサプライヤーを知っていた。電池ボックスは基本的にジェネリックで、実際僕たちはオリジナルの製造者を見つけることができなかった。さまざまな海外のサプライヤーから見積もりを受け取ったところ、僕たちにとっては、そしてこの量では、重さが電池ボックスの原価に作用することがわかった！　電池ボックスは比較的かさばるので、合衆国まで運んでくるのに経費がかかるのだ。電池ボックスに関しては、国内の古風なサプライヤーはコストの面で僕

たちが思ってたよりずっと競争力があったが、しかし在庫は2〜3,000個しか持っていなかった。自分たちのところには在庫は1,000ほどあったが、それでもまだ不足は1万組分以上だった。

僕たちのキットを先方に引き渡すのにどれくらいの時間がかかるかを割り出すために、すべての部品を揃えるのに必要な時間と、それらを僕らがパッケージするのに必要な時間を把握しなければならなかった。Blinkly POVおよびBlinkly Gridのパッケージには、いくつかのステップがある。マイクロコントローラーにプログラミングを行い、ICソケットに沿って一片の帯電防止フォームを取り付けなくてはならない。フォームが装着されたICソケットとコンデンサー、抵抗2個、光センサー2個が、電池ボックスの中に収められる。電池ボックスは販売用の缶の中に置かれ、そこにLED60個あるいは9個が投げ入れられる。これらの部品の上にカードが添えられ、缶のふたが閉められて、シュリンクをかけられる。小売り用のパッケージングはそれまでにやったことがなかったが、そんなに悪くはなかったと思う。それまでのキットの製造時間に、小売り用パッケージングのぶん余裕を加えて必要な時間を予測したところ、並行処理が必要なことがわかった。すべての準備の手順（マイクロコントローラーのプログラミングや抵抗の切断など）と、パッケージングの手順（缶にシュリンクをかける、それをラベルを貼った箱に入れる、そのラベルを貼った箱をラベルを貼った箱に入れるなど）をすませるには、所要時間はキットひとつに1分から5分といったところだとわかった。メンテナンスも休止時間もいらないロボットを急いで発明したとして、ひとつあたり1分から5分で1万個ということは、14日間の労働、70日

間もかかるということ！　おそらく人を使う必要も出てくるだろうし、彼らには休憩と食事と眠る時間が必要だ。

　僕はミネアポリスに住んでいるが、その時、マシューはピッツバーグに住んでいた。部品とキットを行ったり来たりさせて自分たちのお金をムダに燃やすのを避けるために、すべてを僕のところに送り、マシューは遠方から大量のロジスティクスとビジネスの残りの部分を担当しようと計画した。

　キットビズの多くがそうであるように、僕たちも自分で自分の製造作業を行うところからはじめたが、オーダーが増えるにつれ、外に助けを求めるようになった。僕の義理の弟が失業中だったのを雇い、独立請負人としてキット1個ごとに報酬を支払った。この取引の可能性について両親に語ると、すぐに彼らもキットのパッケージングを手伝いはじめた。マシューと僕はそれでもまだリスクがあると感じていたので、他にできることはないか周りを見回した。ミネアポリスには、部品を送ると組み立てて送り返すという、複合業務処理サービスがあったが、かかる費用は法外に高かった。僕はこのプロジェクトについてジュードと話し合った。彼は地元のハックスペースにほとんど住み込みで運営に力を貸している人たちのひとりだった。あらゆるテクノロジーに通じ、あらゆる人と仕事をしたことがある様子の彼は、僕たちに Opportunity Partners（オポチュニティ・パートナーズ、http://opportunities.org/）を紹介した。地元の非営利団体で、障害をもつ大人たちに機会を与える活動をしていた。そうした人々はいろいろなことを手掛けていたが、僕たちにいちばん関係のある能力は、小売り用のパッケージングと手作業だった。僕は半信半疑だった——そうやって完全にぐちゃ

ぐちゃになるのはすごくありがちだ。しかし、彼らに会い、作業場を歩き回ったところ、僕は完全に納得させられた。彼らには充分な能力があり、値段も手頃に思えた。しかしそれまで彼らと仕事をしたことはなかったので、僕たちは仕事を3か所に分けようと計画した。すなわち、僕の義理の弟、僕の両親、Opportunity Partners。

　他のことはもっと単純だった。数百ドル分の在庫しか持っていなかった頃は、大惨事を恐れることはなかった。最悪の事態でも、僕らのキャッシュフローが1か月止まるぐらいだった。しかしながら、キット2万個まで増えるとなると、失敗したら僕らは完全に再起不能になってしまうだろう。地元の保険会社に何通かメールを書いて、年間たった数百ドルですべての在庫を対象にできる保険の見積もりを頼んだ。

　長大なスプレッドシートを埋めるのに2、3日かかったが、しかし僕らはすべてを書き入れ、スケジュールとコストに関する不確実要素も含め、ディストリビューターに予想される納期とコストを伝えることができた。彼らはいくつかの点について確認を求めたうえ、すべて問題なさそうだと言い、すぐに例の販売店にサインをもらって正式な発注を出すと約束した。

　次の月いっぱい、数量は増えたり減ったりを繰り返し、そして結局、この取引は正式にキャンセルされた。マシューと僕はちょっとした反省会をした。僕たちはこの機会に、自分たちのビジネスを広げ、何も失うことなく大口の取引を行う練習をする機会となってよかったと思った。それからまた話が戻ってきた──警告とともに！　僕たちはより急がなくてはならなくなった。そうしなければ「春のリセット」を逃してしまう。小売業

者の「リセット」とは、売り場のレイアウトおよび商品構成が変更されることを指す。彼らは僕たちのキットのためのスペースを設けるつもりだったが、時間に間に合わなければ、彼らは取引を延期もしくはキャンセルするという。

僕たちはスケジュール、見積もり、不確定要素を検討し、ゴーサインを出した。つまり、もし失敗したら、僕らのビジネスまるごとと、僕らが一生で扱ってきた以上のお金が失われるということだ。

最終的な発注を受けた僕たちはすべての部品の調達に着手した。抵抗、コンデンサー、ソケットはまったく問題なく、2〜3日で届いた。僕たちが使っていた光センサーは、もう手頃な価格で大量に入手することが難しくなっていたが、プリント基板とLEDが届くより先にディストリビューターを通して十分な数が入手できるというので、僕たちは手に入るものを購入した。データシートを吟味しサンプルを確認してから、何千、何万個ものジェネリックの電池ボックスを注文した。僕たちの計算では、短納期の割増料金を考えると、(業者にやらせるよりは)自分たちでチップをプログラムしたほうが安くあがりそうだったので、いくつかケーブル不要のプログラミングの仕掛けを設計した。チップをゼロ・インサーション・フォース (ZIF)[*1]ソケットに置き、アームを動かして、ボタンを押せばプログラムされるのだ。僕らはシュリンクについても急いで学び、ヒートガンとシーラーとラップを注文した。

部品が到着しはじめると、それがどれくらいの空間を必要とするのかちゃんと考えていなかったことに気づいた。Wayne and Layneにはオフィスがなかった。僕らはそれぞれの自宅で

経営しており、その時すでに妻と僕はアパートが手狭になってきたので近いうちに引っ越そうと決めていたところだった。マシューと僕は、LEDのピンを通常より短くカスタムするよう頼んでいた。そのほうが缶に収まりやすく、ハンダ付けする際にはどうせ切ってしまうものだからだ。それでも、小さなアパートに5ミリのLEDが50万個以上が届いたのだ。加えて、415キロの缶と185キロの電池ボックスがこちらへ向かっていた。しまった！

　いろいろな種類の小さな障害物があった。85キロのプリント基板の加工が遅れたりした。担当部署の人間をつかまえると、「送り状にはFooBar PCBカンパニーと書いてあったけれど、納品書にはFooBarプリンテッド・サーキット・ボード・カンパニーとあったので出荷できない」と言われた。この手のマヌケな事態は税関においては珍しいわけではない。僕たちはこれ

図9-3｜アダムのアパートは部品の箱に占領されはじめていた（写真：アダム・ウルフ）

を解決し、全体の遅れは1週間以内に収めることができた。

　部品が届きはじめ、僕たちはできる限りの作業をした。義理の弟と両親はチップにプログラミングを施し、ストリップを2本組に切断して抵抗を準備しはじめた。これは進捗の助けになっただけでなく、おかげで僕はうちのアパートから何箱かを減らすことができた！

　そのうち、本格的に組み立てをはじめられるだけの部品が揃ってきた。電池ボックスは、比較的納期が長く設定されていたため、まだ到着していなかったが、僕らは手元に在庫を1,000個以上抱えていた。全部の部品が完全に配達完了しているわけではなかったが、僕たちも春の在庫一掃を行うべきだったんだ。

　両親が部品の一部を、義弟と妹が残りを引き受けた。彼らにはするべきことのリストと、僕がパッケージしたサンプルを渡した。何か問題があったらすぐに知らせてくれと彼らに言った。あとになって時間内になんとかすることができないと判明するより、彼らがなんでもないことで電話してきてムッとするほうがいいに決まっている。残りの部品、マイクロコントローラー、電池ボックスのパレットが届いた。僕はこれらを両方の組み立てグループのもとに運んだ。僕はふたたびOpportunity Partnersの人々に会い、まさにWayne and Layneが必要としていたことが手配された。僕たちは彼らにキット数千個分の部品を任せ、すべてが滞りなく行われたことに安堵しつつ家に帰った。しかし思っていた通り、2、3日もしないうちに父から深夜の電話があった。一部の缶がうまく閉まらなかったのだ。閉まらない缶がいくつか見つかったところで、彼は調査し、電池ボックスの大きさが全部同じというわけではないことがわかった。

一部の缶は他の缶より1ミリぶ厚く、そうかと思えば他の缶よりかみ合わせが深い缶もあった。どうしてここに至るまで気づかなかったのか？　義弟に電話したところ、彼はそういう缶をまだ見つけていないと言ったが、しかし彼は組み立てに新しい電池ボックスを使いはじめたばかりだったのだ。そうか！　データシートを確認したところ、缶の開閉部の幅は指定されておらず、電池ボックスの厚さには1ミリの誤差があるということだった。マシューと僕は、新しい小売り用パッケージング用品に在庫一掃が迫っていることを把握しておらず、サンプルからはこの問題はわからなかったのだ。ああ。これに深刻な問題だった——新しいほうと全部交換できるだけの電池パックの在庫が国内にないことはその場でわかったし、海外に注文して春のリセットに間に合わせるのも不可能に近かった。春のリセットを逃すのは、繰り返すが、悪いニュースだ。最良の場合、すごくたくさんの善意が必要になる——最悪の場合、本来必要だった以上のお金を失うことになる。

　これを妻に説明し、僕たちはリビングルームの絨毯敷きの床にパジャマで座り、7,000個の電池ボックスを解体した。最初、ジグを作ることを考えたが、自分たちの手を使ってひとつひとつの厚さとかみ合わせの幅を感じ、「美品」と「難あり」の山に分けることができた。妻は愛ゆえにやってくれた……やる気のある人間ふたりなら1時間に300個の速さで電池ボックスの1ミリの違いを調べることができるなんて君は知ってた？　2時間を少しオーバーして、僕たちは手元のボックスに見られる問題なし／ありを見極め、おそらく追加で1,000個だけ見つければなんとかなることがわかった。主要な供給元はそんなにた

くさんの量を持っていなかったが、国内で十分なだけの在庫を見つけることができ、こうして僕らは不測の事態用の予算をあててこの問題を解決することができた（この電池ボックスの一部はいまでも僕らの手元にあり、1ミリの空間が問題にならないプロジェクトに利用できる状態だ）。

　すべての組み立て担当者のところの部品を交換したあと、僕は彼らの仕事を再確認した。クオリティは良かったが、パッケージングを完全に済ませるまでがゆっくりすぎた。不測の危機も考慮した、最悪の場合の推定よりもゆっくりだった！　すべてのキットを完成させるため、両親は何人かの友達を招き、僕の祖父も手伝った。この時点で、僕たちのキットの一部は「ウィスコンシンのおばあちゃんたちのていねいな手仕事でパッケージされた」と、僕たちは誇らしげに宣言した。おばあちゃんたちがキットを組み立てていることはいかにすばらしいことかはさておき、僕たちは遅れの原因を突き止めねばならなかった。分析の結果、LEDの重さを量るためのはかりとヒートガンがもっと必要だということがはっきりした。僕たちはこれを、クレジットカードとオンラインショップで簡単に解決した。

　1、2週間後、すべてのキットのパッケージングが完了した。一部のキットはすでに出荷され、他はミネソタ州ダルース、ウィスコンシン州オークレアにあった。スバルのアウトバックのうしろには、だいたい3,000個の箱詰めされた缶入りキットを積み込むことができる（図9-4）。顧客に届ける段階になると、Opportunity Partnersの倉庫から送るのが最も楽だった。販売店が集荷を手配すると、1、2日後には取りに来て店舗に届け、僕たちははじめての大量出荷を首尾よく完了させた。

僕たちは予備費を全部に加え、少しだけ余分に遣ったので、受け取ったマージンは本来より少しだけ少なかったが、それでもこれは突出した大成功だった。出荷から何週間かして、人々は僕らのキットが店に並んでいるところの写真を送ってきたり、キットを使ってみて楽しかったとか、雨の日の室内遊びとして子どもとキットで遊んだとか、たくさんの素敵なことを伝えてくれた。

　僕の妹と義弟は報酬を住宅ローンの頭金にあてた。サプライヤーとキット組み立て人たちに支払ったあとは、僕たちの手元にはWayne and Layneの実験を何年間も支えることになる資金が残った。マシューと僕はレゴ・マインドストームとArduinoとを使うハードウェアをいくつも開発し、それについての本をジョン・バイクタルといっしょに書いた。もしこのプロジェクトからの報酬がなかったら、僕たちはカスタム射出成形機[*2]を買うことはできなかっただろう。その後、Wayne and

図9-4｜スバルのアウトバックに箱詰めされたBlinky kit 3,000個を積み込む（写真：アダム・ウルフ）

Layneは何年か、製品ではなくサービスに集中した。僕たちは地元の企業と協力関係を結び、その後2年間、何十もの博物館展示品とインタラクティヴ・インスタレーションを制作した。それらは合衆国のあちこちに散らばっている。今日、僕たちは、自前のレーザーカッターとピック＆プレース機器[*3]を置くことができるオフィスを探している。しかし場所よりもっと重要なことは、自分のところで新製品のプロトタイプを作れるということなんだ！

———

*1 アームやレバーの上下で接続や取り外しを行う仕組み。
*2 プラスチック材料を金型内に射出注入する機械。
*3 部品をつまみ上げて運び、特定の取付位置に置く作業を行う装置。

PROFILE ◎アダム・ウルフ（Adam Wolf）はWayne and Layne, LLCの共同設立者兼エンジニアとして、キットとインタラクティヴな展示を設計している。ミネソタ州ミネアポリスのエンジニアリング・デザイン・サービス会社で組み込みシステムの仕事も手掛けている。彼はものをピカピカさせたりおしゃべりしたりしていない時には、妻と息子と過ごしている。　　（写真：アダム・ウルフ）

10 INTERVIEW
ザック・スミス
（MakerBot Industries共同設立者）
マイク・ホード

ザック・スミスは個人用の3Dプリンターで知られるMakerBot社の創業者のひとりだ。いまは会社を離れて深圳にいる。メイカーのスターだった彼の現在の心境をマイク・ホードがとことん聞く。

マイク・ホード｜君はどんな風にしてこのイカれたメイカーシーンに参加するようになったんだい？

ザック・スミス｜本当のはじまりは、そうだな、2007年だった。僕はニューヨークに引っ越してきて、ウェブ開発の仕事をして働いていた時に、RepRap[*1]という新しいプロジェクトについてネットで読んだんだ。もちろん君も知ってると思うんだけど、「さあ、自己複製3Dプリンターを作ろうぜ！」って言ってる人たち。そういったものはぜんぶ、すごく新しい、そうでなくてもまあ比較的新しいびっくり仰天してしまうアイデアだった。僕はそれを追いはじめて、確か彼らのブログを僕のRSSリーダーに追加したんじゃないかな。それが成長していくのをただ見ていた感じ。彼らが大きくなり続けるのを見るにつれ、僕はどんどん強く興味をひかれるようになった。

　はじめのうちは、RepRapはただのwikiページとサポートファイルの集まりみたいなものだった。プロトタイプ作りや組み立てなんかについて正しいやりかたをちゃんと知らなかった最初

期のこと。たとえば、僕がはじめた時には、PCB（プリント基板）の作りかたの説明は、「このファイルをダウンロードして、レーザープリンターで印刷して、PCBにアイロンして、アシッドに漬ける」だった。「自分のPCBを作れ」だけ。そして僕はやった。やってみた。それは楽しかった。でも、そう、もっとやりかたがあるはずだと僕は思ったんだ。

　人がこういうものを仕事として製造していることはわかっていたから、僕はなんというか、それを解き明かすことをある意味自分の使命とした。どうやって作るのか、どうやってそれをより良くするのか？　一体どうやるのか、そう、プロの基準には達しないとしても理解したい、本物のエンジニアたちはこれをどうやっているのか、みたいな。なので僕は外へ出て、あたりを見回した。その当時、GoldPhoenixという会社があって、彼らは99ドルを払えばボードをいっぱい送ってくれるっていう安売りをしていたんだ。だけど、僕が欲しいのは1枚だけだった。なので僕はRepRapのフォーラムへ行って、「やあ、僕はあのボードのセットを買うんだけど、乗っかりたい人いる？99枚は要らないんだよね」と発言した。

　そこから一度やってみて、気がついたら電子機器の制作にぐいぐい惹きつけられていた。なぜかというと、僕はウェブ・ディベロッパーとして、コンピューター上でデザインするデジタルメディアを扱ってきて、そうして手掛けた仕事はサーバーにアップされるものだった。それはぜんぶデジタルみたいなものなんだ。電子機器を扱うのが本当にクールなのは、コンピューター上でデザインして、誰かにそれをeメールで送ると、1週間後には、僕のところにすごくいい感じの、プロっぽいものがやっ

てくるってこと。それが僕には本当に魅力的なことだったんだ。

　本当に何が僕を3Dとデジタル・マニュファクチュアリングみたいなものに夢中にさせたかというと、実体のあるものをソフトウェアをベースとしたデザインにまで、ある意味切り詰めさせるところ。自分が作っているものの本質、そこで作っているものがデジタルになるところにまで。君はコンピューターを使い、ロボットがそれを君のために組み立てる。ご存じの通り、僕は自分をメイカーだと考えているけれど、手作業で何かを組み立てることに関してはそんなに高い技術を持っているとは言えない。僕は部品をまとめてボルトでとめたりドライバーを使ったり、そういうことはできるけれど、それにしてもいま3DプリンティングとCNC[*2]、プリント基板なんかで実現できる正確さとクオリティの高さはすばらしくて、それは何というか……衝撃的だ。クオリティはどこまで高くなるのか？　だからこれは本当に、人のクリエイティヴ面を、それをかたちにする個人の能力からある意味自由にするものなんだ。僕が本気で3Dプリンティングとデジタル・ファブリケーションに熱中になった理由のひとつはそこにあるな。

マイク｜そのGoldPhoenixへの注文は、2007年のこと？　2008年？

ザック｜いつだったかはっきり覚えてないな。その頃のいつかだよ。たぶん2007年かな。

マイク｜そして当時、君の本職は……そうだ、背景をわかりやすくするために、その時いくつだったか教えてくれる？　いまは何歳？

ザック｜僕はいま30歳。当時は、7年前だから、23ぐらいじゃ

ないかな。

マイク | それで当時、ウェブ・デザイナーとして働いていた。

ザック | そう。僕はその頃、Vimeo[*3]で働いてた。

マイク | オーケー、じゃあその頃の君は完全にプログラミングの人だったんだ？

ザック | そう、機械や電子工学のことは全部その場で急いで学んだんだ。Arduinoのチュートリアルを全部、いろんなウェブサイトを見つけて読んだ。この最初期に、僕はブルックリンの小さなアパートに住んでた。大学寮みたいなスタイルのアパートさ。ロフトベッドがあったから、上の部分で寝て、下の部分の小さな机に、ハンダごて1本とそういうものを置いた。楽しかったけど、理想的な環境というわけではなかった。僕はニューヨークで、これまでと違う人たちと知り合うようになった。「Make:」で見るような人たち。特に言えば、フィル・トローンやレディ・エイダやブレがいた[*4]。

　2008年のいつか、僕たちはマイクロコントローラー勉強会というのをはじめた。最初は単なる週に一度のコーヒーショップでの集まりで、そのうち誰かが場所を提供してくれた。それぞれ自分のプロジェクトを持って来て、他の人たちが質問をする。それか、エレクトロニクスやロボットや、なんでも興味を持っていることについてギーク的に語ったり。で、そこを通じて、NYCレジスター[*5]に進化したというか。これは、僕の好奇心からの道のりにおいて、こういうことをフルタイムで取り組むことのできる持続可能なビジネスにするにあたって、すごく大きなステップで、すごく重要な部分だった。これで僕は仕事場を手に入れることができたから。

ニューヨークはすごくお金がかかる街で、僕らはいっしょになってリソースを合体させることができた。みんなそれぞれ自分の関心分野があったけれど、ものづくりに興味があるということは共通していて、みんなボール盤を置く場所が必要だった。さらにレーザーカッターとか、そういうものを。自分ひとりでは買えない値段のもの。僕たちはそういうものを集めて、僕は部屋の片隅を自分の場所にし、そこからRepRapの部品を発送した。人との出会いにもいい場所だった。ものを作るいい雰囲気と、そういうことをするための本当にいい環境があった。物語全体における次のステップは、おそらく2008年、カオス・コミュニケーション・コングレス[*6]への参加だと思う。僕らNYCレジスターの一部で行き、そこでブレ、アダム[*7]、そして僕でMakerBotを立ち上げようと決めたんだ。

　それは僕にとっても、他のみんなにとっても、本当にエキサイティングな時期で、僕たちは「おい、わかるだろ、これを商売にできるかやってみようぜ！」と決めた。それ以前、僕はオンラインで部品の販売みたいなことをしていたけれど、それはむしろ自分が部品を手に入れたいという欲求から生じた部分が大きかった。なぜならそういうものを作っているうちに、規模が大きいほうが得だということがあきらかになってくるけれど、個人がそんなに大量に買うのはバカバカしいからだ。たとえば、プラスチックのサプライヤーを見つけたとして、彼らは「わかった、もちろん、やらせてもらいますよ。でも最低発注量は50ポンド（22キロ）からです」みたいな感じだったりする。この段階では、成型業者はほとんど使えなくて、したがって50ポンドのプラスチックなんてどうかしてるってことになる。

マイク | そのデバイスにとっては一生分のプラスチックだね！
ザック | その通り。そこで僕はフォーラムに行って、「ねえ、プラスチックのある場所を見つけたんだ。誰か欲しい人いる？」と言う。プリント基板、モーター、ベルト、滑車なんかでも同じことだ。ハードウェアの店で手に入れることができない、1個からは買えない部品の数々。ある意味そこから、需要があることに気づいた。僕たちはこれをもっと利用しやすくしよう、もっと簡単にしようと熱をあげた。立ち上げた時、僕らの長期的な目標は、「買って、箱を開けて、使うことができる本当に安い3Dプリンターを作ろう」だった。誰でも使えるやつだ。

　僕はMakerBotがこれを実現できたことをとても誇りに思っている。そこに至るまでに辿ったルートにすべて賛成とは言えないけれど、でも会社は最初に定めたその目標を達成したんだ。僕たちはMakerBotをはじめた時、もともとすごく高い目標を持っていた。僕たちはオープンソースにしたかったし、コミュニティに開かれたものにしたかったし、すばらしい3Dプリンターを作りたかったし、できる限り安くしたかった。僕がMakerBotで過ごした時間は、すごくいい時間だった。そこであらゆる種類のゴタゴタが起こった。君が詳しく聞きたいかどうか。この話はいろいろなところで何度もしているから、いまとなっては人生のかさぶたに触るようなものだよ。

マイク | その件については話さなくてもかまわないよ。君がそこに至った経緯と、そこを離れて次へ行った理由に興味があるな。さしあたって、その領域に参入した経験がどんなものだったかを知りたい。歯が立たないと感じるようになった？　ものを作ることに較べてビジネス性が高すぎる、専門的すぎる、エ

リート主義すぎると感じた？　どんな感じだった？

ザック｜そうだな……ビジネス面はそんなに問題じゃなかった。MakerBotに100人余りの人がいた時でも、ビジネスは……僕たちはオンラインで販売し、イベントで宣伝をしていた。大企業のあれこれが絡んでくるような、会社相手にでかい取引をしてるって感じじゃなかった。僕にとっては、自分の手には負えないという感じは……そう、僕は本当にすばらしい、本当に誇れるものを作りたかったんだ。僕はもともとウェブ開発者で、エレクトロニクスを組み立てたりプロトタイプをこしらえるのを独学した。自分はここでどうやって「レベルアップ」してプロフェッショナルになれるか？　正しいテクニックを、正しい設計を使うにはどうしたらいい？

　僕としては、緊急事態の中で、こういうエンジニアリングの学位を取るのに大学で教えられるようなことを学んだようなものなんだ。この緊急事態で、それ相応のレベルのプロフェッショナリズムを身につけ、製品を完成させた。その過程でエンジニアを雇いはしたけれど、でも小さな会社だった場合、A級の才能を惹きつけるのは難しい。僕たちが雇ったなかにはとても優秀なエンジニアたちもいたけれど、でも多くは入門レベルの部類で、おそらくまだ経験が浅く、ジュニアエンジニアとしてひとつプロジェクトをやったことがあるくらいだった。「オーケー、こうやって製品をアイデアから最終形まで持っていって出荷します、本当にすごいものを作りましょう」なんて感じの人は誰もいなかったんだ。

　なので、試行錯誤からたくさんのことを学んだ。製造し、カスタマーの意見を聞き、「おい、20時間で壊れたぜ！　どうい

うことだよ？」みたいなメールをさらいながら。研究室にいる自分の役に立つ1台を作るのと、他の人たちが使って99.9%うまくいく1,000台を作ることの違いを学んだ。これが僕の大きな苦しみだった。クールなアイデアがあるけれど、それは全員にあてはまるものなのか？　これは僕たちが確実に複製を製造できるものになるのだろうか？　思うに、この部分でたくさんの企業が本当に苦労してるんじゃないかな。

　MakerBotのあと、僕は「HAXLR8R[*8]（ハクセラレータ）」という中国のハードウェア・アクセラレーターで仕事をした。ハードウェアスタートアップのプロトタイピングの段階を支援する会社で、実際に製品を作るのと同じか、たいていはそれ以上の時間を、工場でバグを解決するのに費やしている。これはすごく画期的といえるだろう。なぜなら、どんなものであろうと製造および組み立ての段階で間違った方向へ行ってしまうことはよく起こるものだから。失敗の危険があれば、どうしたってそれにぶちあたるものなんだ。誰かが逆さまにワイヤーをつけたり、誰かが何かをしっかり締めてなかったり。あらゆる間違いの可能性がある。トレランス・スタックアップ（累積公差）やそれを含んだ設計みたいなつまらないことについて学ぶことは……わかるだろ、ラボでは、もしそこにあるものでうまくいくなら、ファイルを手に入れて適応させて、よし、動くぞ！　って感じだ。だけど、何かを大量生産しようと思ったら、そうはいかないんだ。

マイク｜わかるよ。それは普遍的な悩みだね。作業場で何かひとつのものを作るのは簡単だ。1万人のためにうまく働くものを作るのは、それよりずっと困難な挑戦だ。そしてメイカーに

とって、これを学ぶのはつらいものだ。だから君がそれについて語ってくれて良かったと思うよ。ここでちょっと先に進もうか。MakerBotを離れて、その後は何をしてたの？ 気まずい話に詳しく立ち入りたくはないけど、だけどある時点で、他の設立メンバーと道を分かつことになるポイントがあったんだよね。その経験について、少し話してもらえるかな。席について、「ああ、そりゃいい、自分は次に何をしよう？」と言った瞬間。自由を感じたに違いないけれど、恐れもあったことと思う。君にとってはどんな感じだった？

ザック｜基本的に、僕は自分が立ち上げた会社から解雇されたんだ。頭の中をたくさんこのことが通り過ぎていった。1年ほど、たぶん2年になるぐらい、僕はあきらかにちょっと落ち込んでたな。つらかった。僕は自分自身のことを「僕がMakerBotをはじめた。僕が3Dプリンターを作る」と、かたく心に定めていたから、長いあいだ自分を省みて、自分は何がしたいんだろう、自分は誰だろうと考えることになった。僕はいろいろなことをやってみたし、MakerBotの未来についてすごく否定的な展望を持っていた。僕のパートナーだったブレには、この会社を成長させる技術はないと思っていた。彼らが会社を売却した時、僕はうれしい驚きをおぼえた気がする。僕は彼らがインディペンデントでいて欲しいと心から願っていたのだけど。Stratasys（ストラタシス）社に会社を売却しクローズドソースになるということは[*9]、どちらも僕がこの会社に抱いていたヴィジョンの反対といえるけれど、でも僕にはもうどうすることもできない。

　全体の困った状況の一部として、僕たちは中国のプロジェク

トの方向性について意見が別れた。MakerBotチームは中国のプロジェクトをやめることに決めたけれど、僕はそれを受け入れられなくて、そこからあの離脱騒ぎに関わることになったんだ。だけど、僕はあの時点で9か月ほど中国に駐在していて、あのすごい土地を知った。中国にいるのはすごい冒険だよ。メイカーにとってはなおさらね！　大勢の人が中国を世界の工場と呼んでいるけど、実際そうなんだ。すごくたくさんの工場があって、利用できるサプライヤーと市場と場所の巨大な生態系があり、それが本当に全部安くて、すべてが本当に速いスピードで起こる。だから僕はもっとここに居続けて、もっと知りたいと思ったんだ。

　それに、僕は物足りなさを感じていた。このプロジェクトをはじめた時には、僕たちは本当にものづくりの近くにいたものだけど、そういうのはもうお払い箱になった。僕は自分がここにやってきた当初の目的をまだ果たしていないように感じていた。僕はここにいて、学び続け、成長し続け、世界のこの部分がいかに動き、製造業がいかに稼働しているのか、もっと理解したいと思ったから、しばらくこの辺りにいることに決めた。すごかったよ。中国はすごく僕たちに歓迎的な国だと思った。君がものを作るのが好きなら本当にすばらしい国だ。僕の住んでいた界隈では、レーザーカッターを持っていなくてもよかった。なぜって、電動自転車に飛び乗って、数ブロック行けば、レーザーカッターを持ってるやつがいたから。僕は繁華街の真ん中に住んでいて、そこには公園があり、いい感じのところだった。大勢の人が、中国は汚染された不毛の地だと思い込んでいる。確かに、一部の地域はそんな感じなのかもしれない。特に北の

方に行くと。でも、深圳は、地理的なものか気候のせいかわからないけれど、なぜか人口が少ない。だから、何かをしようという時、ハイテク製造業と市場と物価の安さとプロトタイプ製作の速さと全般的なやる気が組み合わさっているんだ。僕はここに居続けようと決めて、これまでのところはすごく楽しいよ。

　僕がここで主にやっているのは、HAXLR8Rとの仕事だ。僕たちはこれまでだいたい4社ほどの仕事を手掛けてきた。仕組みはTechstars[*10]とすごく似ている。ここではたくさんのインキュベーターや、アクセラレーターのような試みが行われている。基本的に、僕たちのしているのは、10社を深圳に連れて来ることだ。僕たちにはあらゆる種類のプロトタイプ製造機器が揃ったオフィスがある。場所は深圳にいくつかある巨大な電子機器市場のひとつの中だ。僕たちは人々に3か月半かけてアイデアを育てさせ、僕たちにできる助けは何でもする。僕たちはメンターとともに過ごすような状況を用意する。君の事業計画は？　マーケティング計画は？　製品についてのヴィジョンは？　インダストリアル・デザインは？　こうしたさまざまな事柄において力になれるよう、僕らは人を招く。

　僕はこういうのが大好きだから、そこにいてさまざまなプロジェクトに関わるのは楽しかった。自分がそういうことについてまだよく知らないと感じるのも良かった。つまり、僕はもうこれを長いことやっているけれど、「学べば学ぶほど、知らないことに気づく」という古いことわざの通りなんだ。僕にとっては、深圳はこれに完璧な場所なんだ。ここには違うものがたくさんあるから。すごく簡単に毎日何か新しいことを学ぶことができる。なぜなら、製造と技術の日常業務をする合間に、市

場を歩いて新しいものを見ることができるんだ。新しい製造テクニックをチェックしたければ、工場に顔を出して「やあ、君の工場を見学させてよ！」と言えばいい。

　僕が見てみたかったテクニックのひとつに、真空熱成形があった。プラスチックのシートを加熱して、型にあわせて伸ばす技術だ。僕はAlibaba（アリババ）[*11]で２、３業者を探して、見学の予定をたて、彼らに会いに行った。僕はそこにどんな可能性があるのかについて学ぶことができた。かつて僕がニューヨークにいた頃に持っていた本があって、題名は忘れてしまったけれど、本当にすばらしい本で、それは何百もの製造技術を紹介しているコーヒーテーブル・ブックで、ぱらぱら眺めることができた。深圳に来た時、僕は「ああいうのが全部ここにある、そして工場にも全部本当にアクセスできて、喜んで見学させてくれる！」と気づいた。僕は本を眺めて、「あ！　これが見てみたい！」と思ったら、さっそく行ってみた。実物が実際にどう使われているのか見るのは、本の消毒されたブロック図で見るのとは本当に違う。通りすがりに、「これは何？　値段の違いとクオリティの違いはどこにあるの？」と聞くことができる。それは、ここで活動することの本当に面白い部分だ。本当に何でも手に届くんだ。

マイク｜聞くところによると、中国の人たちにとっては、オープンソースというコンセプトは……その通りのものなのかな。彼らは自分のやっていることについて本当にオープンみたいだね。

ザック｜そうだな、こういう工場の多くはオリジナルのデザインを製造していない。彼らは特定の技術のスキルがあるからそ

こにいるんだ、そうだろ？　彼らは特定の製造技術を取り入れるのがすごくうまい。彼らは機械を持っており、知識があり、ワークフローがあり、プロセスがある。だから、彼らにとっては、クライアントに工場を見せるのも宣伝の一環なんだ。彼らは「やあ、これが僕らのやってること。僕らの技術も、その実際の成果も見ていってよ！」と言っている。そして彼らはとてもオープンだ。何をやっているのか、どんな仕組みなのか、直接そこの人に２、３時間聞くのは、自分でやって導入するのとはすごく違う。

　その意味で、彼らは自分たちのやりかたやどうなっているのかに関してすごくオープンだ。中国にオープンソース・ムーブメントは確かに存在する。深圳全体がそう、コピー文化だ。アンドリュー・"バニー"・フアンが「ギャング-カイ（guang-kai）」と言い現したような、一種のオープンソースだけれど、それがどこに由来しているかというと……。これに関しては僕は特に詳しいわけではなくて、興味深いと思うが、そこを追求する言語能力は僕にはない――僕の知る限りでは、特定の会社が下請けに出すデザインを参照して、他の人々がそれを製造し、その回路を、モジュールを、そういういろいろを売りたがる。それで、あのオープンソースっぽい状況が生まれるわけだけど、そこから抜け落ちているのは「僕たちがこれをしてるのは利他的な類のモチベーションからだ」ってやつだと思う。それでも、そこには、君がどんな仕組みか見て利用できるオープンソースっぽいものがあるんだ。すごく興味深いと思うね。

マイク｜では、ある意味、そのオープンソース・ムーブメントに、「自分で改善して、それを伝えよう」とか「巨人の肩に乗る」

といった部分は欠けていると……。

ザック｜そうだな、君もオープンソース企業をやっているよね。Seeedstudio（シードスタジオ）はすばらしい例だ。他にもいくつかある。たとえばここ深圳のuFactoryというロボットアーム会社。僕は明日、HAXLR8Rを介してこの会社を立ち上げた人たちに会うんだ。それは「FlexBot」といって、彼らは掌ぐらいの小さなクワッドコプター（ドローン）を作るのに、主にCNCや3Dプリントのようなデジタル・ファブリケーションを利用している。彼らは実際、何台かの3Dプリンターを稼働させ、ロボットアームで取り外して次の仕事にかかるような自動ラインを構築した。どんなものか見てくるよ。オープンソース・ムーブメントの背景にある無形の恩恵と理念の側面を理解する人は増えていると思う。

マイク｜君は中国に来てどれくらいになる？

ザック｜3年ぐらい。ログイン時間はトータルで2年半かも。

マイク｜他にシェアしたい話はある？記録に残しておきたい話。

ザック｜わからないな。ここで何かを作りあげるのがどんなものか、その強烈さを説明するのは難しい。スケールがずっと大きいんだ。つまり、僕は2～3か月オースティンに戻っていたんだけど、そこでTechShop[*12]に行っていろいろな機械を学んだ。それは本当にクールだったけど、でもそれから部品なんかを探そうとしたら、すべてオンラインで注文することになって、それはイライラするよね。一方ここでは、ただ市場に行って買い物をするだけで、必要なものは何でも手に入るんだ。

ここにはいくつかそういう場所があって、その中で新しく僕のお気に入りになったマーケットがあるんだけど、そこでは文

字通り工場を作るのに必要なものすべてが、ひとつのビルで揃うんだ。1階では、普通の電子機器を売ってる。ハンダ付けセットから、ピンセット、ルーペ、ハンダごて、化学薬品など、あらゆるものづくりに必要な道具が何でもある。部品も、プロトタイプ製造用のプリント基板を扱う人々も、何でもだ。それから重たい工具、旋盤、ドリルプレス、溶接機器、検査機、マイクロメーター、ノギス。あらゆるいかれたやつ。彼らはそういう自動ワイヤー切断機や皮むき機を500ドルで売ってる。2階へあがると、モーターとステッパードライバーがあって、あらゆる空気式機械を売ってる。いろんなピック＆プレース機械用のヘッドとチップを売ってるブースもある。あらゆる種類のボールねじを売ってる。通り抜けながら、「なんてこった、このビルで見つかるものだけで3DプリンターもCNCマシンも作れたじゃないか！」と思ったね。

　わからない。僕がこの種のアクセシビリティが本当に好きなのは、僕がこういうことのために学校に行かなかった人間だからかも。答えるべき重要な問いは、「何ができるか？　何に手が届くか？　何が設計に必要なのか？」なんだ。

　僕はたくさんのプロジェクトを見てきて、そこでは人々がわかりきったことをまた一からやりなおすようなこともあった。こういう場所に行って、半日うろうろ歩き回るうちに、20のアイデアが浮かんできて、「やり直す必要はないんだ！　僕がゼロから設計する必要はない、だってこういうモジュールの数々を棚から持って来て組み合わせればいいんだから！」とわかる。それはオンラインカタログからもわかるけど、実際にそれを見て、手に取り、よく眺めて、そこにいる人に「ねえ、これは何

だい？　どうやって使うの？」と質問することには、何か違うものがあるんだ。それはデータシートからじゃ感じ取れない類の何かだ。負荷因子や作動パラメーターはわかる。それがどうやって使われるのかを知っていれば、すごく役に立つ情報だけど、「この部品は一体何で僕はどう使えばいいわけ？」って小学3年生みたいな質問をする時、実物を見て誰かに聞くことができるのは、すごく助かるんだ。これは自分で実際に見に行けることの利点として、あまり語られていない点のひとつだと思うね。メイカーにはここに来てチェックすることを強くおすすめするよ。少なくとも、君の視野を広げて、ものづくりとかそういったアイデアに関して、他の文化はどんな風にアプローチするかを見ることができるんじゃないかな。

マイク｜そいつはすごくクールだね。最後に聞くよ。5年後にはどうしてると思う？　どんなことでもいい。どうしていたいと思う？　自分の周りはどうなると思う？

ザック｜わからないな。僕にはそんなに……僕が25歳で、MakerBotをやっていた頃は、そういう「これこそ僕がやりたいことだ」ってレーザーの焦点を定めていた。僕はいま一種の学生モードに戻っていると考えたい。僕は物事を学んでる。僕は中国語を学んでる。ロボット工学にロボットアームと制御理論に本当に興味がある。次に熱中するものにオープンでいるよう努めている。自分がしばらく中国にいたいってことは確か。今年の予定としては、街のはずれに行くと、すごく安い工場スペースが手に入るんだ。9平方フィートで、1平方メートルあたり1.50ドルみたいな。だから巨大貨物用エレベーターのある2,000〜1万平方フィートの工業用スペースを入手して、機材

を揃えて何か作ろうと思ってる。きっと楽しいよ！　秋にいまの作業場のリースが終わるから、スペースを探しはじめるつもり。

マイク | 正直なところ、それができる自由がちょっとうらやましいな！　そこから楽しいニュースが届くことを期待してるよ。

ザック | 僕もそう思うよ！

---

*1　英国バース大のエイドリアン・ボイヤーが立ち上げた自己複製する3Dプリンターのプロジェクト。MakerBot Replicatorの初代機はRepRapをベースに作られた。Replicator 2以降は独自製品。

*2　コンピューター制御の工作機械。CNCルーターやCNCフライス盤といったもの。

*3　動画共有サイト。

*4　フィル・トローン（フィリップ・トローン）は「Make:」誌の元シニア・エディター、レディ・エイダ（リモア・フリードの愛称）はクールな電子部品やキットを開発・販売するAdafruit社（http://www.adafruit.com/）の創業者、ブレ・ペティスはMakerBot社の元CEO。

*5　2008年にできたハッカースペース。http://www.nycresistor.com/

*6　カオス・コンピュータ・クラブが毎年開催するハッカー・カンファレンス。CCC。

*7　アダム・メイヤー。MakerBot社は、ザック、ブレ、アダムの3名によって2009年1月に設立された。

*8　深圳に拠点を置くハードウェア・アクセラレーター（スタートアップに投資し育成する企業）。現在は「Hax」に改称。

*9　MakerBotはReplicator 2からオープンソースモデルではなくなり、2013年に産業用3DプリンターメーカーStratasys社と合併した。

*10　米国で有名なアクセラレーターのひとつ。

*11　中国のオンラインマーケットサイト。

*12　米国のメイカースペースの代表的存在。

PROFILE◎ザック・ホーケン（Zach Hoeken）はでっかい夢を見て、でっかく失敗し、でっかく勝つのが好きだ。彼の人生における真の情熱は、カタリストとして他の人たちがすばらしいことをするのを手伝うこと。それがオープンソースのマイクロコントローラーを作ることであっても、ロボット工学ソフトウェアでも、オブジェクト・シェアリング・ウェブサイトでも、3Dプリンターでも、その中心には

ひとつの目的がある。他の人たちが自助の精神ですばらしい世界を作り出すのを助けることだ。それゆえに彼はMakerBotを作った。彼はいつかわれわれがSFで描かれたすごい未来すら越える世界を作り出すことを望んでいる。彼はこの宇宙がすごい場所だし、この先もどんどんそうなっていくと信じている。　（写真：ザック・スミス）

PROFILE◎最高に知的でまばゆいほど魅力的なマイク・ホード（Mike Hord）は熟練の嘘つきでもある。退屈な企業的労働の5年間を経て、彼は拘束から自由になり、SparkFun Electronicsのエンジニアリングの仕事をはじめた。彼はそこでボードを設計し、チュートリアルを書き、会議の邪魔をする。オープンソース・ハードウェアのコミュニティの活発で情熱的な支持者であり、自由時間

は彼の2人の小さなメイカーたちにいかにして保証を退け好奇心に浸るかを教えている。現在、SparkFunからの新しい製品発表の予定はなく、彼はお行儀の良さを微塵も見せていない。

（写真：パット・アーネソン）

11 好きなことをして生計を立てる
ミッチ・アルトマン

ミッチ・アルトマンは、公共空間のテレビを消すキーホルダー「TV-B-Gone」リモコンを発明したことで有名だ。ワークショップやハッカースペースの振興にも力を尽くす、彼の考えかた。

　僕は好きなことをして生計を立てている。強くおすすめするよ。かなりいいものだ。やってみる価値はある。

　僕にとっては簡単なことではないけれど、でも、自分が時間と努力をこれに注いでいることが本当にうれしい。だって気分が沈んでいるのは最悪だから。僕は知っている。人生の前半そうやって過ごしていたからね。自分の痛みを麻痺させるために、起きている時間のほとんどをテレビの前に座って過ごしていた。僕はまるっきりギークだったから、ひとりでギーク的なプロジェクトをやるのにも長い時間を費やして、エレクトロニクスを学んでいた。こういう活動によって学校では余計いじめられるようになり、さらに落ち込んで、うちに帰るとテレビとギーク的プロジェクトにますますのめり込むようになった。全部自分が悪いのだと思っていた。タメイキ。この件についてはいつでも聞いてくれていいよ。喜んでシェアするから。でも、このエッセイは、好きなことをして生きるのがいかにクールかについて語るものだ——なので、そこは飛ばして先へいこう。

1993年までには、僕は自分の人生を、子ども時代の完全に意気消沈したデブから、まあ自分を受け入れている状態になんとか変えることができていた。その何年も前にテレビ中毒からはきっぱりと脱していたけれど、ギークでいることはやめず、中小企業のマイクロコントローラー関係のプロジェクトを助けるコンサルタントとしてそこそこの生活をしていた。いろいろなプロジェクトをやって報酬を得ていた。博物館の展示品、ヴァーチャル・リアリティ・システム、ディスクドライブ、音声認知システムやなんかを作るのを手伝った——全部かなりクールだと思ってたよ。

　その10年後、2003年、僕の仕事は依然としてかなりクールだったけど、ちょっとくたびれてきたんだよね。ただ単にかなりクールなだけのものに自分の全部の力を注ぐのはいやだった——自分が心から愛してるものに力を注ぎたかったんd！　もしそれができたら、人生はどんな風になるだろう？　わからない、知りたいと思ったんだ！　1年分の生活費を貯金して、それを探求する時間を作った。大好きなものだけを選んでやることにしてみた。もし友達がアパートを引っ越すのを手伝うというのが気に入ったなら、やってみる。仲間たちといっしょに『スタートレック』映画マラソンをするというアイデアが好きじゃなかったら、他のことをするのに時間を使う。誰かが僕を雇いたくて電話してきて、そのプロジェクトがとてもクールだけど好きじゃなかったら、パスする。これは怖かった。どうやって生計を立てていこう？　わからなかったけれど、何か道があるはずだと僕にはわかっていた。好きなことをやる方法、そして好きなことをやって、好きなことをやり続けるのに十分なだけ稼ぐ方法

図11-1 | オランダ、ヘールフゴヴァールトでのOHM2013カンファレンスのワークショップで教えるミッチ・アルトマン（写真：ミッチ・アルトマン）

があるに違いない。僕にはこれ以上しっくりくる成功の定義を思いつくことはできない。

　探求をはじめるにあたって、まず僕の大好きなボランティアの仕事をするのに時間を使った。また、長いあいだ考えていたプロジェクトに取り組みはじめた。何年ものあいだ、1日中エレクトロニクスを扱う仕事をしていたので、仕事の後にエレクトロニクスで遊ぶ意欲はあまりわいてこなかった。しかし、時間とエネルギーを手にした僕は、何年も前に思いついていたプロジェクトに取り組みはじめた。1993年、僕はレストランで友達の話を聞こうとしていたのだけれど、天井の角に吊されてうるさくがなり立てるテレビに邪魔された。友達もそれを見つめているのに気づいた。僕たちはテレビを見るために集まったわけじゃない。僕たちは会話し、近況を報告し合い、いっしょに楽しく食事をするために集まったんだ。それなのに、僕たちはみんなテレビから目を離すことができなかった。僕はどうし

てこの不快なやつのスイッチを消す方法がないんだろうと問い、すぐに自分がその方法を知っていることに気づいた！　そこで僕はつい口に出した。僕はあらゆる人気の型のテレビに次から次へとオフ信号を送るデバイスを作るよ、と。友達のひとりがそれに名前を与えた。TV-B-Gone——ボタン一押しで公共空間のテレビを消すユニバーサルリモコンだ。そして何年もが過ぎた……。

　しかし、いったんそれに取り組みはじめるやいなや、TV-B-Gone（図11-3）はひとり歩きをはじめた。僕は巷に出回っているテレビすべてのリモコンのオフ信号を見つけることに取り憑かれた。予想していたよりずっとたくさんの労力を費やすことになったけれど、かまわなかった。僕はテレビを全部消したかったんだ！　1年半後、僕はついに使えるプロトタイプを完成させた。テレビにコントロールされ続けた人生を経て、いまや僕はそれら全部に力をおよぼす方法を手にしている。そして僕はサンフランシスコのそこかしこに出かけて、行く先々でテレビを消して回るのを死ぬほど楽しんだ。

　その時は、このプロジェクトがまもなく僕の人生を永遠に変えることになるなんて、微塵も思っていなかった。

　僕はこれで生計を立てることを目的にTV-B-Goneを開発したわけではない。自分が1台欲しかっただけだ。もちろん、僕の友達の全員が1台欲しがるようになった。そして僕の友達の友達も、大勢の人が欲しがることがあきらかになって、僕は「うーん、可能性があるかもしれないぞ」と考えた。僕は、資金が許す限り製造するという賭けに出ることに決めた。それは2万台だった。5,000台売れれば元が取れる計算だった。売り切るの

に数年かかったとしても、それでかまわないと思った。だって5,000人が世界中でテレビを消すのを楽しむことになるんだから！　それ以上はあぶく銭みたいなものだ。しかし、そこで何が起こったかというと、2万台全部が3週間で売れてしまった！そしてこれは2004年以降、僕にとって唯一のお金を稼ぐ手段となっている。これは、人が好きなことを単純に好きだからやる時に起こる類のことに思える。もし君が何かを本当に好きなら、他の人たちもたぶん同じように好きなんだ。そして資本主義においては、もし人々が君のすることを好きなら、彼らは君がそれをするのにお金を払うんだ！　その仕組みが僕にうまく働いた。たくさんの人に働いてる。君にも働くかもよ？

　TV-B-Goneをはじめて売りに出す日の前、僕は友達のクリスといっしょに一晩中起きて、ウェブサイトを仕上げていた。クレジットカード決済を受けつけるようにしたかった。「WIRED」のウェブサイト（http://wired.com）に記事が出るから、TV-B-Goneを買いたがる人が何人かいるかもしれないと思ってのことだ。この記事は、僕がボランティアとして協力したことがある知り合いによって実現したものだ。彼はジャーナリズム講座の最終課題として、TV-B-Goneについて僕にインタビューしていた。僕らはいっしょにサンフランシスコのあちこちのテレビを消して回って楽しい時を過ごし、彼は人々にどう思うか意見を聞いた。彼はそれを書き上げ、いろいろなところに投げてみたのを、Wired.comが拾いあげたのだ。クリスと僕は午前5時5分にウェブサイトを開き、ショッピングカートにバグがあったんだろうかと思った。なぜなら即座に注文が来たことを知らせるメールが届いたから。しかし、それはバグ

図11-2 | 中国・深圳での講座でミッチ・アルトマンにハンダ付けを習う生徒たち(写真:ミッチ・アルトマン)

ではなくて、すでに注文が来ていたんだ! 一夜にして大ヒットだった。

　午前9時、ナショナル・パブリック・ラジオからの電話取材があった。睡眠不足だったけど、僕はまあ問題なかったと思う。その朝、それが放送されてからは、電話が鳴り止まなかった。「ニューヨーク・タイムズ」、「リーダーズ・ダイジェスト」、ドイチェ・ヴェレ(ドイツの国際放送)、BBC、ラジオ・フランス、CBS、NBC、ABC、CNN、まだまだいっぱい。全部の取材に応じた。そして、僕はインタビューを受けるのが好きだってことがわかった。記者は僕に質問し、僕は自分の考えや意見を表明して、彼らはそれを世界へ発信する。そんなの好きに決まってる。ふたたび、これも単純に自分の好きなことをやることによって起こったんだ。

　もし誰かにTV-B-Goneによって僕が公の場で発言することになると言われていたら、僕は全力を尽くしてこのプロジェク

トを破壊していたかもしれない。ほとんどの人と同じく、人前でしゃべるのは苦手なんだ（いまでもそうだよ）。だけど、メディアで取材を受けたことから、僕は最初のMaker Faireに招かれ、はじめてハッカー・カンファレンス（HOPE6／ニューヨークシティ）で講演をすることになったんだ。こういうイベントにはいろんな種類の内気なギークたちが何千人も来ているんだ。僕は安心でき、人生ではじめて集団の中でいい気分でいることができた。僕は自分の種族を見つけたんだ。すごいことだよ！　そして、自分は人前で話すのが実は好きだったんだとわかったんだ。僕は集まった人々の前に立ち、自分の考えと意見を表明することができ、みんなが耳を傾け、正しい箇所で笑う。好きに決まってる。以来、僕はこれを続けている。こういうことは、どうやら自分が好きなことをしている時に起こるようだ。

　しかし、僕はおかしなことに気づいた。最初のハッカー・カンファレンス、それに最初のMaker Faireでさえ、誰も実際にものを作ってはいないようだった。彼らはとてもクールだった

図11-3｜TV-B-Goneはこの星のほとんどすべてのテレビを消す（写真：ミッチ・アルトマン）

から、僕はこういうイベントにもっと深く関わりたいと思って、その方法を考えた。僕は初心者向けのクールで簡単な電子工作キットを作って、ハンダごてを何本かとテーブルを用意し、次のMaker Faireとハッカー・カンファレンスでハンダ付けを教えようと思った。僕は実行した。楽しかったし、ハンダ付けを学びたい人たちに囲まれたんだ！　なので、次にイベントに参加する時は、もっとたくさんのキットを作って、ハンダごてもたくさん用意した。すごく楽しかった！　そして僕は人に囲まれた。次のイベントでは、さらにたくさんのキットと、さらにたくさんのハンダごて。楽しかった、そしてハンダ付けを習いたい人たちに囲まれた。それはすぐに、50本のハンダごてと教えかたを知っている熱心なボランティア集団を備えた大きなエリアに育ち、僕たちは週末だけで、さまざまな年齢の3,000人以上の人々に教えることができた。そして僕がどれだけキットを作っても、売り切れてしまうんだ。あきらかに、世界はこういうものをもっとたくさん必要としてる。これもまた自分の好きなことをすることから育ったものなんだ。

　僕はどんどんワークショップをやるようになった！　でも、Maker Faireまたはハッカー・カンファレンスが終了する時はいつも悲しい（図11-1、11-2、11-4）。次の開催まで待たなくちゃいけないから。しかし、3回目にハッカー・カンファレンスに参加した時（カオス・キャンプ／2007年／ドイツ）、ドイツのハッカー3人から、自分のハッカースペースをはじめることについてのすばらしい話を聞いた。ハッカースペースとは、彼らの説明によれば、実体としてある場所で、そこには人々がハッカー・カンファレンスやMaker Faireでしているような、ギー

クがする類のことをするのに協力的なコミュニティがある。コンピューター、テクノロジー、ソフトウェア、あらゆる種類のアートとクラフト、科学、食べ物——そのスペースにいる人々が追求したいこと、やってみたいことは何でも、教え、学び、シェアするのだ。僕は自分の住んでいる街サンフランシスコでハッカースペースを立ち上げるのを手伝うことにした。そうすればMaker Faireやハッカースペースが提供しているものの多くに、地元で、昼夜問わず、1年を通して手が届くようになる。他にもたくさんの人たちが、自分の街でハッカースペースをはじめようという気になっていた。何人かの友達と僕はハッカースペース、Noisebridge（ノイズブリッジ、https://www.noisebridge.net/）をはじめ、他の人たちは彼らが住んでいるところでハッカースペースをはじめた。そして僕たちは、実現のためにお互いに助け合った。たいへんだったけれど、好きでやっていることだから、それだけの価値があった。

　自分が人生でハッカースペース・ムーブメントの立ち上げを手伝うことになるなんて思っていなかった。けれど、そうなったんだ。いくつかの都市でハッカースペースがはじまってみると、とってもクールですごくたくさんの人々の役に立ったので、合衆国および世界中に広がった。僕はワークショップや講演をするよういろいろなカンファレンスに招かれるたび、現地のハッカースペースを探して、そこでのワークショップの開催を申し出る。それはいつも人気で、とても楽しい。ハッカースペースのない街に行った時は、出会った人たちに新しくはじめるようそそのかす。たくさんの人がそうした。人間にはコミュニティが必要で、かつ自分自身をクリエイティヴに表現する必要があ

るんだ。ハッカースペースは、この人間の持つふたつの深い欲求を支える。そしてハッカースペースは2007年以来、急速に成長している。現在、ハッカースペースどうしを繋げるウェブサイト、「hackerspaces」（http://hackerspaces.org/）には1,600のハッカースペースが登録されており、お互いに助け合っている。これも自分の好きなことをやった結果だ。

　ワークショップをやればやるほど、招かれることも増えることがわかった。僕は世界各地のハッカースペースでワークショップをやるのが好きなので、ハッカースペースでワークショップをやりながら世界各地を回ることになった！　僕はワークショップをやることではお金を稼いでいないけれど、失ってもいない。結果として、僕は世界をタダで旅して、どこへ行っても最高にすごいギークたちに会っている。そして僕らはお互いに助け合う、自分の好きな暮らしを生きることでついてきたすばらしい恩恵だ。

　世界中を旅してワークショップやトークをするうちに、僕の名前はたくさんの場所でよく知られることとなった。これはハッカースペースにとって都合がいい。つまり、僕がワークショップを開催すれば、それまでハッカースペースに来たことがなかった人がやって来て、そこのことをすごく気に入るんだ！　結果としてハッカースペースは成長する。そしてますます多くの人々が、ハンダ付けや電子工作でクールなものを作ることを学び、経験から自信をつけるんだ。また、たくさんの人々がTV-B-Goneリモコンキットを作ってテレビを消すのを楽しみ、彼らが行く先々で世界をより良い場所にする――それは常にボーナスだ。好きなことをするとこういうことが本当に起こるんだ。

図11-4｜ドイツ、マグデブルクのハッカースペース、Netz39でのハンダ付けワークショップ（写真：ミッチ・アルトマン）

　このムーブメントが成長するにつれ、世界はおおいに変わってきた。図書館はより多くの人を集めるためにハッカースペースをはじめ、コミュニティに一層価値あるサービスを提供するようになっている。博物館はワークショップを増やし、やってくる人々に彼らのツールを利用させている。学校や大学は、生徒たちにハンズオンおよび遊びを基盤とした学習の機会を提供する目的でハッカースペースをはじめている。それはすごく効果的な教育メソッドだ。僕はこういった場所あちこちでワークショップを開催している――学びたい人々がいるところならどこへでも。そして僕は教えるのが好きだ。

　この時点において、僕は好きなことをやり続け、それによって生計を立てている。好きなことをやって暮らし、好きなことをやり続けるのに充分なだけ稼いでいる！　いまもなお、僕にとって成功とはこういうことだ。

　次に何が待っているのかはわからない。誰も未来は予測でき

ない。万物は変わり続ける。僕は自分の選択の結果、変わり続けている。僕にわかるのは、僕が自分の好きなことを基盤とした選択をし続けるということだけだ。

　好きなことをして生きるというのも選択肢のひとつだということを知って欲しい。本当にそうなんだ。もちろん、他の選択肢もいろいろある。もし君がそうしたいなら、好きじゃないことをして生計を立てることだってできる。そうしたいなら憎んでることをして生計を立てることだってできるんだ。多くの人々が実際にそれを選んでいる。それは間違いじゃない。でも、他の選択肢も追求してみる価値はあるかもよ？　それは怖いかもしれない。期待したのと全然違うかもしれない。でも、やってみる価値はあるんじゃないかな？　それは完全に君次第だ。

PROFILE◎ミッチ・アルトマン（Mitch Altman）はサンフランシスコを拠点とするハッカー兼発明家。公共空間のテレビを消すキーホルダー、TV-B-Goneリモコンを発明したことでよく知られている。また、彼は3ware（シリコンバレーのRAIDコントローラー会社）を共同設立し、80年代半ばにVPLリサーチにてヴァーチャル・リアリティの草分けとなる仕事を手掛け、「Make:」誌で人気のDIYプロジェクトのひとつであるBrain Machineを開発した。彼は「Make:」、「2600:The Hacker Quarterly」に寄稿するかたわら、過去数年間にわたって世界各地でワークショップを開催し、ハンダ付けやマイクロコントローラーを使ったクールなものづくりを教え、ハッカースペースとオープンソース・ハードウェアの振興に力を尽くしている。彼はNoisebridgeの共同設立者であり、Cornfield Electronicsの社長兼CEOである。彼はもうすぐ人々の睡眠と明晰夢を促す最新のプロジェクト、「NeuroDreamer sleep mask」（http://cornfieldelectronics.com/neurodreamer/）を立ち上げる予定だ。　　　　　　　　（写真：ミッチ・アルトマン）

12 あなたはバイオキュリアス?

エリ・ジェントリーとティト・ジャンコウスキ

DIYバイオで注目のプロジェクトを進めるコミュニティ、BioCurious（バイオキュリアス）。メンバーのエリとティトが、バイオロジー（生物学）を創造的にハックする、その魅力と可能性を紹介。

DIYbio

　DIYバイオ、すなわち「ドゥ・イット・ユアセルフ生物学」については、いくらか説明が必要でしょう。人に「生物学をハックする」と話すと、多種多様な感情が引き出されます。たとえば猜疑心、驚き、個人の無事と国家の安全についての懸念など！　いったいどんな種類の邪悪な行為が家庭（もとい薄暗い陰気な地下室）で行われているのかといぶかしがる人がいる一方で、すぐにでも自分の子どもたちをそこに関わらせたいと願う人もいます。

　DIYバイオとは、なんと奇妙な新世界なのでしょう！　文字通り、これは、ある部分はDIYであり、ある部分は生物学でもあります（さらに、ハードウェア、ソフトウェア、コミュニティ、ポリシーでもあります——しかしこれらについては後ほど）。この空間に関わる人々は、科学者を自称していることもありますが、しかし多くの場合は、社会的には他の立場で認

知されているのではないかと思います。アーティスト、エンジニア、高校生、高校教師、メイカー——なんでもお好きなように！

　ほとんどの人は、科学者というと、メガネをかけた白衣の紳士淑女が、無菌環境すなわちラボで働いているイメージを当然のように思い描きます。このラボは、どうやら大学もしくは産業界にある様子で、そこでは世界を変えることになる、もしくは少なくとも私たちが世界を理解する助けとなる実験を、真剣な科学者たちが入念に企てているようです。

　「科学者はこういうもの」という古い概念は現在も生きていますが、しかしそれは誤解でもあります。科学が私たちの日常生活の一部ではなかった場合に、そうした誤解が起こります。私たちは自分たちのうちにいる科学者と通じ合えなくなり、科学離れが進んでしまいかねません。私たちはこの現象について、これまでアートの分野で耳にしたことがあるはずです。6歳児の教室で、この中にアートが好きな子はいるか、絵を描ける子、アーティストの子はいるか聞いてみてください。全員が手を挙げるでしょう！　教育システムを経てきた大人でいっぱいの教室で同じことをしてみた時、何人が手を挙げるでしょうか？　科学についても同じです。ちょっと立ち止まって、幼い日の科学に関する記憶を思い出してみてください。そこではどんなことがクールでエキサイティングだったでしょうか？

　DIYバイオは、つまり、そうした科学的発見のすばらしい部分を人々の手の届くものにしようとしています。オープンサイエンス、科学の民主化、DIYバイオ……なんと呼んでも構いませんが、これは、科学は制度や機関に縛りつけられている

ものではないと信じる心からはじまります。そして、今日の多くのムーブメントと同じく、DIYバイオはコミュニティとともにはじまっています。

　DIYbio（http://DIYbio.org）は、マッケンジー・コウェルとジェイソン・ボーブによって2008年に設立されました。最初はMITとハーバード周辺の人々のミーティングで、それから世界中の人々によるオンライン・ネットワークとなりました。初期には、半分近くの登録者はアーティストでした。さまざまなグループの人々が科学にまつわるアイデアを伝えようと試みる時、あなたはカオスの一部となるか、または一種の科学の共通言語が進化しはじめるのを目撃するかのどちらかです。

　DIYbioの成功の大きな要因は、誰もを——科学の人でもそうでない人でも、あらゆるバックグラウンドの人々を——対話に巻き込んだことです。不完全なアイデア、たとえばオープンソースのDNA塩基配列解析マシンを作ってみたいとかいったことを考えている人が、フォーラムに飛び込み、アイデアを求め、そして（もしそこに人が集まれば）一種の集合的な発見がはじまるのです。

オープンPCR[*1]

　「これはArduino？」と、ブロンドのふわふわしたかたまりが声をあげました。お父さんといっしょにMaker Faireを見て回っている小さな子どもです。彼はオープンPCR機（DNAを増幅するオープンソースのPCR装置）の中をじっと見つめ（図12-1）、内側の青いボードを指さしました。「あっ、そうだ。僕らは

DNAで遊ぶのにArduinoを使ってる！」。

　Arduinoを使ってあかりを点滅させたことのある人はたくさんいるでしょう。コンピューターの前に座って、何かを打ち込み、ハンダごてで火傷しないように練習したことのある人も。私たちはオープンPCRを作るのに同じことをしています。私たちはコンピューターの前に座ります。私たちはたくさんのコードを打ち込みます。私たちはハンダ付けでたくさんの部品をくっつけます。そう、それはより複雑ですが、基本的には同じ種類の作業です。

　ハードウェア、物理的な「もの」は、人にバイオテクノロジーに興味を抱かせるにあたってすばらしい手段となります。DNAそれ自体は裸眼では見えません。何億ものDNA分子が、てんとう虫サイズの水滴の中に入っています。ただの水滴に興奮するのは難しいものです。そこでハードウェア・ツールの登場です。オープンPCRのようなハードウェア・ツールは、バイオテクノロジーを手に触れることができるものにします。オープンPCRマシンは脇に抱えることができます。バックパックにしまうこともできます。あなたがMaker Faireで私のところに来れば、私はオープンPCRを抱えていて、あなたにそれを手渡すことができます。すると、あなたはDNAコピー機を抱えているのです。クールでしょう！　「DNAなんとかかんとかを何かのなんとかかんとかがコピーする」と、私は説明するでしょう。そして、それはあなたの手にあるのです！　子猫の入った箱を抱えるみたいに。あなたはそれを手に立っていて、それを下に置きたいのだけど、壊すことなく安全に下ろすにはどうしたらいいのかよくわからないような状態です。

図12-1｜オープンPCRプロジェクトはハイエンドなツールをアマチュアの手に運んできた（写真：ティト・ジャンコウスキ）

　美しいスケッチを描くための秘訣を知りたいですか？　キッチンからコーヒーカップを持ってきて、目の前に置いてください……ただし、さかさまに。さかさまにするところが鍵です。なぜなら、さかさまにされた時、魔法のようなことが起こるから。さかさまになると、あなたの脳はもうそれをコーヒーカップとは認識しません。カップはただのぼんやりした物体、影、色になります。あとはあなたの手が引き受けます。紙の上には美しいカップのドローイングが現れるのです。正しい向きに置くと、脳が邪魔してきます。これまでに見たことのあるコーヒーカップのことを考えてしまうのです（スターバックスの大きなマグ、ダイナーの汚れたカップ、『美女と野獣』の喋るカップ）。あなたの素敵な脳はいまそこにあるカップの精神と魂を掴むチャンスを逃してしまいます。生きるべきか死ぬべきか、コーヒーカップとは何か？　そうした考えが、つまらないコーヒーカップのドローイングを生み出します。しかし、さかさまにされる

と……美しさがあふれ出すのです（図12-2）。

　オープンPCRは、このさかさまのコーヒーカップのようなものなのです。バイオテクノロジーをさかさまにすることで、それをより深く理解することができるのです。これを家で組み立てることのできるオープンソースのキットにすることは、カップをさかさまにするようなものです。現在、たくさんのデバイスが、「さわるな！」と叫ぶラベルをつけた状態で研究室に囚われています。オープンPCRはそうした壊れやすく高価な研究機器よりもむしろ、トースターか鳥の餌やり機に近いものです。共同開発者のふたり、ティト・ジャンコウスキとジョシュ・パーフェットは、Kickstarterで資金調達した1万2,121ドルでこれを設計しました。あなたのお母さんが持っているかもしれないし、あなたの友達が学校のロッカーに入れているかもしれないし、海の底を行く潜水艦の中で科学者が使っているかもしれません。

図12-2｜さかさまにすると魔法が起こることがある（写真：セオドール・ジャンコウスキ）

初心者と新鮮な気持ちを呼び込むことで、私たち自身のバイオテクノロジーへの理解も刺激を受け、先入観を改めることができるのです。DIYbio、オープンPCR、BioCurious、その他現在進行中のすばらしいものの数々は、コーヒーカップをひっくり返そうとしているのです。生物学、科学、バイオテクノロジーについてあなたが知っていることはすべて忘れましょう。初心者の目でバイオテクノロジーを眺めてみるのです。

BioCurious

BioCurious（http://biocurious.org/）は稼働中の研究所であり、技術図書館であり、出会いの場でもあります。そこでは起業家も単に興味があるだけの人もバイオテクノロジーについて学ぶことができます。

それはマインクラフト[*2]的人生の哲学と考えてください。

マインクラフトをプレイしたことはありませんか？ コンピューター上で、レゴで遊ぶようなゲームです。水、土、草といった、一掴みの基本ブロックがあります。しかしそれらのブロックを組み合わせて、マイナー（プレイヤー）はマインクラフトの世界内に、お城やすべり台、実働するコンピューター・プロセッサすらも作ることができるのです。人生はマインクラフトによく似ていると思います。人間である私たちはみんな、いくつかの感情的要素からできています。情熱、愛、恐れ、疑い。そして私たちはみんな違う人間になるのです——アーティスト、教師、科学者、医者、Uberドライバー、税理士。マインクラフトの世界の構造と同じように、誰もがいくつかの感情の「ブ

ロック」から構成されているのです。バイオテクノロジーの世界に関してなにがクールかというと、それが一種の新しい「ブロック」だということです。すなわち、バイオテクノロジーは、なんであろうとあなたが取り組んでいるものと合体させることができるのです。

　あなたはカーマニアですか？　BioCuriousまでドライブして、どうやったらエンジンにバイオ燃料が使用できるか話し合いましょう。または、脱皮するように色を変え、毎月新しくぴかぴかに車を塗り直したようになる生きた塗料の夢を描きましょう。あなたは食通かもしれません。それならじっくり低温で調理したフィレミニョン（高級ヒレ肉）と完璧なポーチドエッグはいかがですか？　本気で温度にこだわって、Nomiku[*3]の新しい真空調理器でおいしい料理を作ってみましょう。満腹になることがどんなにいいものか私たちはみんな知っています。ナパ・ヴァレーのワインとチーズがお好きですか？　BioCuriousとCounter Cuture Labs (https://counterculturelabs.org/)でコラボレーションしているグループは、DNAレベルからヴィーガン[*4]チーズを開発しようとしています。動物不使用、もしかしたらイッカクのDNAを使うかもしれません。もしあなたがコンピュータープログラマーなら、ぜひお立ち寄りください。なぜなら私たちはDNAを次の大きなプログラミング言語にしたいのです。BioCuriousでは、私たちはみんな集まって、バイオテクノロジーに興味津々なのです。

　簡単に言うと、BioCuriousは好奇心と探究心のあるあなたのような人々によるコミュニティなのです。ここを訪れる人は誰も、バイオテクノロジーのどこかの側面に興味をひかれます。

図12-3｜BiocuriousのDIYバイオプリンタープロジェクトは細胞にプリントする（写真：パトリック・デ・ヘーゼェレール）

車でも食べ物でもエンジニアリングでもプログラミングでも何でも。興味のある人が、あらゆるものに共通する何かを見に訪れて、結局ここにとどまることになるのです。

　私たちは最初、エリ・ジェントリーのガレージでミーティングをはじめました。グループがそこに収まらないぐらい大きくなった時、私たち6人はKickstarterへ向かい、物件を借りて本物のバイオテクノロジー研究室を立ち上げるために3万5,000ドルを集めました。これは言うなればバイオロジーのためのTechShopのようなものです。2011年のオープン以来、BioCuriousは幸運にも、初心者かプロの科学者かを問わず、バイオテクノロジーへの興味を追求するたくさんのすばらしい人々の拠点となっています。

　立ち上げ当初、差し迫った問題はすべて技術に関するものでした。私たちの限られた予算で研究機材を購入することができるのか？　最小限のリソースで科学的発見をすることができる

のか？　さらに言えば、そもそもコミュニティでバイオテクノロジー研究所を開くのは合法なのか？　イエス、イエス、イエス、私たちは急速にそれを学んでいきました。しかし、BioCuriousが成長するにしたがって、技術を超えたところにこそ、たくさんの可能性があることがはっきりしてきました。

　さて、次は何でしょう？　コミュニティ・バイオテクノロジー・ラボの世界はヒートアップしています。しかし、コミュニティ・ラボの成功の度合いを、そこから興ったスタートアップや科学論文の数で評価するのは間違っています。ここには、新しい大学研究室やスタートアップ・インキュベーターのモデルの単純な繰り返しを越えた可能性があると私は思います。今日、BioCuriousの最大の可能性は、テクノロジーの領域を超えて、科学の社会的な側面に入り込んでいるところにあります。私たちは科学的発見をする人が誰になるのかを変えることができるでしょうか？　新発見にまつわるグローバルな対話を拡張

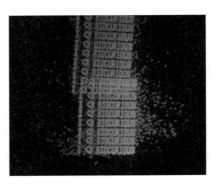

図12-4｜バイオルミニッセント・プリント（写真：パトリック・デ・ヘーゼェレール）

し、より多くの人々の集団を関与させることができるでしょうか？　バイオテクノロジー・ラボに足を踏み入れる人々の数を増やすことができるでしょうか？

　いま世界中でコミュニティ・バイオテクノロジー・ラボが生まれつつあります。きっともうすぐあなたの街にもできることでしょう！（世界のコミュニティ・ラボのリストは、DIYbioのウェブサイトを参照のこと。http://diybio.org/local/）　あなたにも何か情熱を傾ける対象があるかもしれませんし、まだ探している最中かもしれません。BioCurious、オープンPCR、DIYbioの世界で何が起こっているか、ぜひ覗きにきてください！

---

*1　PCRとはポリメラーゼ連鎖反応（Polymerase Chain Reaction）のことでDNAを増幅する手法。またはそれを実行する機械。
*2　2009年発売のサンドボックス型ものづくりゲーム。
*3　真空パックした材料を料理する家庭用サーキュレーター。鍋に取り付けて使う。HAXLR8R（P.138）発の製品。
*4　ベジタリアンより厳格で酪農製品も食べない生活スタイル。

PROFILE ◎ エリ・ジェントリー（Eri Gentry）は世界初のバイオテクノロジーのためのハッカースペース、BioCuriousの共同設立者兼代表。またシンクタンク、Institute for the Futureのリサーチマネージャーでもある。エリは、White House Champion of Change for Citizen Scienceで名前を挙げられ、添加物製造業への働きかけによってテクノミー・トップ10リストに入った。

（写真：エリ・ジェントリー）

PROFILE ◎ ティト・ジャンコウスキ（Tito Jankowski）は、オープンPCRの共同制作者であり、世界初のバイオテクノロジーのためのハッカースペース、BioCuriousの共同設立者。詳しくは彼のウェブサイトを参照（http://titojankowski）。

（写真：ティト・ジャンコウスキ）

13 INTERVIEW
クリス・"アキバ"・ワン（Freaklab*¹）
ジョン・バイクタル

クリス・"アキバ"は日本在住十数年の中国系アメリカ人。東京ハッカースペースのプロジェクトに携わってきた彼が、千葉県鴨川のハッカーファームに拠点を移した。長年の友人のジョン・バイクタルが聞く。

　アキバは、彼が東京ハッカースペース*²を離れ、ハッカーファーム*³に移った経験について語る。
ジョン・バイクタル｜君はかつて東京ハッカースペースをやっていて、それから……どれくらいあそこにいたんだっけ？ いまでもメンバーの一員なの？
クリス｜いや、そうじゃない。僕はもうあそこには関わってない。いまは東京から1時間半のところに住んでいるんだ。僕と、もうひとりの東京ハッカースペースの設立者だったやつと、米農家がひとり。彼も初期に東京ハッカースペースにいたんだ。僕たち3人がいっしょになって、農場をはじめたんだよ。僕の友達はそこで米農家をやっていた。その頃、僕はチーズ作りに熱中してた。「そうか、オーケー、生乳とチーズにアクセスできるのはいい感じに違いない」ってことで。

　最初は、軽い気持ちからはじまったんだ。彼が「このへんの田舎は家賃が安いよ」みたいに言い出した。なので、「へえ、どれくらい安いの？」と。そしていま、僕は建物3棟を借りて、

家賃は月400ドルってところ。建物3棟を借りて、農場がついてくる。「ほら、ほら。できるならやってごらん」って感じだよ。
ジョン｜で、君は？
クリス｜まだだね。いまはまだ必要なリノベーションをしているところなんだ。ちょっとボロボロだったからね。「へえ、こんなの持ってたら素敵かも」から「うわ、オーケー」になるのは面白いもんだね。広いスペースを手に入れたら、僕たちはハッカースペース創設者の3人だから、当然「ハッカースペースが必要だ！」って感じになるんだ。

　いま、ここがひとつの文脈にもとづいたハッカースペースみたいになっているのは面白いね。それが何かというと、農場の文脈。だから、すべてのプロジェクトは農業の方を向いてるんだ。創設者のひとりは、実のところシェフなんだ。だから彼は食べ物の角度から興味を持っている。オーガニック・フードとか、トレーサブル・フードとか、そういう側面、あと食の安全。そして米農家は、農業とサスティナビリティの面から。僕がこれに興味があるのは、環境モニタリングに興味があるから。

　はじめはバカバカしい自己中心的なところからだったんだ。僕らはハッカースペースをやっているから、目下僕らが向かっているコンセプトは、住み込みハッカースペース。だからみんなここにやって来て、時を過ごし、泊まっていくこともできるよ。
ジョン｜仕事を手伝って？
クリス｜そうそう。できることで貢献してくれれば。ここの生活費はとても安いから、支払いはゼロかゼロに近いんだ。わかる？　現物支給ってことで何かやってくれればいいよ。それでレーザーカッターを使えばいい。東京のなにが問題かというと、

アーティストやデザイナーがたくさんいるところ。たくさんの副業をすることなしに純粋アーティストまたはデザイナーでいるのは本当にたいへんなことなんだ。あの街で暮らすにあたっては、これは常に問題になる。ここなら、デザイナーや、企業世界になじめない普通の人々が利用可能な、進んだツールがたくさんある。彼らはただここに滞在して、生活費やなんかを気にすることなく自分のプロジェクトを完成させることができるんだ。

ジョン｜ほとんどレジデンシーみたいだね。

クリス｜レジデンシーみたいだよ。少なくともいま現在は、申し込みをする必要もないんだ。

ジョン｜ただ来ればいいの？

クリス｜うん。もしそれが問題になるなら、僕らはたぶんなんとかするよ。いまのところは、単なる美しい場所なんだ。

ジョン｜これはハッカースペース革命のネクストステージなのかな？　都会の倉庫スペースの代わりに、田舎の納屋で、家賃はタダ同然だけど同じツールがあるっていう。

クリス｜言い忘れたけど、いちばん重要なのは、この農場には200Mbpsの光ファイバーが通っていることなんだ。これが最重要部分。つまり、ハッカースペースには、ツールと時間が必要だ。僕の理解では、このふたつがハッカースペースの主な要素になる。面白いプロジェクトをするにはツールが必要だし、時間も必要だ。東京ハッカースペースでは、家賃が必ず高くて、みんな自分の生活の面倒をみるために激務をこなしていたから、たくさんのプロジェクトをやる時間なんてなかったんだよね。

ジョン｜環境モニタリングについて話してたよね。君がはじめ

たのは、福島プロジェクトから？　それとも、その前からやっていたの？

クリス｜前から興味があったんだ。僕の専門はワイヤレス・センサー・ネットワーク。かつてモノのインターネットと呼ばれていたやつさ。

ジョン｜君のChibi Board*⁴や、開発してきたものを見ると、福島で事故が起こるやいなや現地へ行く準備が整っていたように見えるね。

クリス｜そうそう。福島はたぶんその時、取り組むべき問題として僕たちにいちばん手近だったんだ。それは明白な問題だった。人間の目には見えないもの（データ）を送信するものだから、ほとんど純粋な技術的課題だったんだ。その一方で、たとえば津波の被害者とか、他の課題については、すごい規模のロジスティクスが必要だった。ロジスティクスと、インフラが動いていない時にどうやって食べものを調達するかみたいな。そういう前代未聞の問題がいっぱいだった。

　あの時、僕たちは大きなミーティングを開いた。すべてが停止状態みたいになったあとの火曜日だった。そこで僕たちは、10のやるべきことみたいな感じでリストを作った。僕たちはこれを分けて、10個ぜんぶに取りかかった。そのうち8個は完全な失敗だったと思う。そして、ひとつがSafecast*⁵になったんだ。これはうまくいった。もうひとつは半分成功。僕たちは、食べものや生活物資を持っている人たちと、それを必要としている人たちのいる地域まで運搬できる人たちをつなぐのを手伝ったんだ。

ジョン｜わかった。それと、君にはあのジャーもあったよね？

Kimono Lantern（キモノ・ランタン）[*6]……。

クリス｜ああ、もちろん！　あのランタン。実際あれもまた別の面白い話なんだ。あのランタン、最初のバージョンは、津波の被害を受けた人たちに送ったんだ。あれはかなりよくできていて、他のたくさんのハッカースペースも、いっぱい力を貸してくれた。その後、一旦はぜんぶ終わった感じだったんだ。そうしたら、ルワンダでNoiseBridge（ハッカースペース）の任務をやっている女性から連絡があって、ある意味生き返ったんだよね。彼女は僕に連絡してきて、太陽ランタンについて尋ねた。彼女はKimono Lanternを利用することができるんじゃないかと考えていたんだ。僕たちは話し合い、彼女に本当に必要なスペックを割り出した。それがあのランタンの第2バージョンになったんだ。

　だから、オリジナルのプリント基板は大きな茶色の丸いやつだったのが、縮んですごく小さなサイズになった。これを作るために調べているうちに、安い中国製の太陽ランタンの会社がみんな使っている本当に安いチップを突き止めたのは面白かったな。

ジョン｜そういうのがシーズンの終わりにタダ同然で売っているよね。そして、その中にはクールなものが含まれてる。RGB LEDとかクリスタルガラスの球とかそういう。

クリス｜そうだね。僕は彼らがどうしてそんなに安くできるのかいつも不思議に思っていた。それはたいへんなことだって、僕はランタンを通じて知っていたからね。そして実際にチップが存在していて、そのコストは、タダ同然とは言いたくないけど、でもそんな感じのものなんだ。そして必要な機能は全部備

えてる。そのチップが何をするかというと、安いLEDをオーバードライブさせるんだ。電流量を急上昇させる。ただ急上昇するだけ。完全に電流をアウトにするのではなくて、オーバードライブさせる。光が弱くなってきたら、もう一度ヒットする。ほとんどPLDM（パワーLEDドライバモジュール）みたいなものだよ。だから本来よりも明るく見えるんだ。そして使用電力もずっと少なくてすむ。利口なんだ。だから、そう、僕はチップを発見して、部品をすごくコストダウンできたんだ。だけど、そこでアフリカでのプロジェクト、ルワンダのプロジェクトは頓挫してしまった。でもいまや僕らはヒマラヤでの別のプロジェクトのためにあのランタンを使おうとしてる。おかしな感じだけど、あらゆることがあるプロジェクトから別のプロジェクトへと移るんだ。

ジョン｜わかった。じゃあ最近手掛けたプロジェクトについて聞かせてくれる？　ダラムサラでやるのはどんな感じ？　環境モニタリングをするのに、どこへ行ったの？

クリス｜あれは本当に面白かったと思うよ。そして、ある意味クールなものになりつつあると思う。去年、ユネスコの人たちから、インドのダラムサラに行くよう依頼されたんだ。基本、チベットから亡命中の人たちのコミュニティがあるところで。チベットからの難民の人たちみんながインドのダラムサラに集まっているみたいな感じ。それで巨大なチベット系コミュニティがあるんだ。

　僕はそこで無線センシングを教えるワークショップをやった。データの使いかたもね。最初にヒマラヤに行った時には、どうなるか全然わかっていなかった。行ってみたら本当にクールだっ

たんだ。僕はチベッタン・チルドレンズ・ヴィレッジ（チベット子ども村）というところに滞在した。そこはまるでチベット人の子どもたちの孤児院みたいなところなんだ。本当にいい経験だった。去年僕は、またあそこに戻って、今度はもっとたくさんの一般向けワークショップをやりたいなと考えていたんだ。前は招待者のみって感じだったからね。自分に加えて、MITメディアラボの友達を招こうと思ってた。彼女はサーキット・ステッカー[*7]のChibitronics[*8]のバニーと仕事をしてるんだ。

　そんなわけで、僕たちで子どもたちを相手にテクノロジーについてのワークショップをやろうとしてた。そこで、CCC（Chaos Computer Club）が突然やってきたんだ。毎年恒例のCCCコングレスの運営メンバーの女の子に、このことを話してあったんだよね。彼女は実際その時インドに住んでいたんだけど、ダラムサラにやって来て、「いっしょにやりましょう」と言ったんだ。僕としては「よし、CCC！」って感じ。それから、他にもいろいろなグループがやってきて、不思議な感じになってきた。大きな話になってきたんだ。MITメディアラボの他の人たちも関わるようになった。不思議な力が働いてるみたいだね。面白いのは、これには予算がついてなくて、ほとんどお金がなかったところ。僕はコンサルティングの仕事もしてる。コンサルティングの仕事をいろいろやって、それでゴミ業者からジャンクのラップトップを買い、参加型ワークショップで使うために修理した。このプロジェクトからたくさんの小さなプロジェクトが生まれてきたのが面白いね。

　これはクールになると思うよ。ひとつのイベントをやるだけじゃなくて、いろいろなものを合わせて、なおかつすごく参加

型なんだ。2週間やる予定。いま僕は、プロジェクター2台、参加者全員用のラップトップ、プロジェクター2台、PAシステム2揃いを手に入れようとしてる。そうすればこの先もイベントが簡単にできるようになる。

このイベントには、3つの要素がある。ひとつはテクノロジーと教育。メディアラボの人たちのほとんどが興味を持っているのはこの部分だね。おそらく、彼らは大人を対象にしていて、それに加えて子ども向けの教育テクノロジー・プロジェクトもある。ふたつめはテクノロジーと倫理。僕らはこのために何人か招くつもり。特にあそこにいるCCCの人たち。現在起こっているあらゆることにおいて、倫理を考えることがことがいかに大切か。そして3つめは、アクティヴィストにとってのセキュリティだ。なぜあとのふたつが設けられているかというと、ダラムサラは地球上でいちばんハックされている場所みたいなものだからなんだ。彼らはヒマラヤで孤立しているけれど、スクリプトをいじるいたずらっ子から軍まで、常にいろいろなレベルのハッカーたちの攻撃を受けている。

ジョン | それは彼らが中国に逆らっていると見られているから？
クリス | それは記録に残るところじゃ言えないな。でも、みんな誰がハッキングしてるのか知ってる。中央チベット行政府とダライ・ラマの事務所はここにある。彼らは中国に、分離主義者として、中国から離れようとしているとみなされている。要は、彼らは中央チベット行政府のコンピューターをハッキングするだけじゃないんだ。地域全体、基本的に誰もが監視下に置かれている。

　君がいったんネットワークに接続したら、彼らは君のコン

ピューターにアクセスし、誰がアクティヴィストか、どのネットワークなのかを特定し、基本的にあらゆるモニタリングを手配する。つまり、あそこでは政治運動をしている人々の人口密度がすごく高いので、アクティヴィストのためのセキュリティは、大きなイベントでも本当に大きな関心事項になるんだ。

ジョン｜このへんで農場と、その前はどこにいたかの話に戻ろう。君は東京に住んでた。どうして田舎に引っ越そうと決めたの？ 単純に生活費が安いから？ 生活のための仕事をする必要がないから、とか？

クリス｜そうだな、実際理由はたくさんあった。ハッカーファーム・プロジェクトはだいたい2年前からはじまってたんだ。僕がここに引っ越してきたのは5か月ほど前。1年半近く、僕らはこの場所を押さえているだけだった。もともとのアイデアは、単に僕らの農場にスペースを、一種のハッピー・スペースを作ろうってことだったんだ。特に食の安全と持続可能な農業みたいな食べものに関するプロジェクトを活性化するために。それは長いこと続いている。どこにも消えてないよ。当時、僕はいろいろなプロジェクトで忙しかった。去年、僕はたくさんのプロジェクトをやりはじめたけれど、そのほとんどは報酬が支払われるわけではないプロジェクトだ。本当に面白いのだけど、それで生活するのは無理だ。そして僕は、「ああ、ここが分岐点だ」みたいなところに至ったんだ。職に就くことを選ぶか、さもなければ必要経費を抑えるためにできることを考え出さなくてはならなかった。そこで僕は、「あー、かまうもんか、農場に引っ越そう」って。僕はここに引っ越した。それはクレイジーだった。これまでで最高の選択だったよ。

ジョン | よかった。引っ越すまではフルタイムでフリーランスの仕事をしてたの？

クリス | 片手間の仕事みたいなものだったね。僕の知っている人のほとんど全員、特にオープンソース・ハードウェア界隈の人たちは、コンサルティング、ワークショップ、その他いろいろな仕事のへんてこな混ぜ合わせみたいなことをやっている。僕はコンサルティング、かなり軽めのやつだ。僕の収入のほとんどは、オンラインショップで稼いでいたと思う。でも、夏の終わりの2～3か月ぐらい、なぜだかわからないけれど、僕の店は動かない状態になるんだよね。この静けさが続くのは2～3か月だけで、同じ時期にコンサルティングの仕事も突然なくなってしまうんだ。すると、ただお金が減っていくのを見ているだけになる。「ああ、かなり急な坂道だなあ」と。それでその時、素早い決断が必要になったんだ。「オーケー、これはうまくいかないや」ってね。

ジョン | 農場にいれば、オンラインストアだけで生活していけるの？

クリス | まあね。まず第一に、僕の店は夏の終わりに向かって一時的な停滞状態になった。みんな休暇に出たり帰ってきたりしてたんだろうね。でもその後、11月か12月、僕がここに本格的に引っ越してきた頃には、トラフィックは上向きになって、そこそこの収入を得ることができた。それに加えて、割のいいコンサルティングの仕事もあった。それに僕は、ここ、生活費がほとんどかからない農場に住んでいた。「わあ、いいぞ。お金持ちみたいな気分」って感じさ。どうしてこんなことになるんだろうね？

ジョン｜君にはお金にはならない楽しいプロジェクトをやる自由があるんだね。

クリス｜ああ。でも面白いのは、僕はいまヒマラヤでプロジェクトに取り組んでいるってこと。これがいま僕が抱えている最大のプロジェクト。ちっとも儲からないレッキングクルーみたいなものだけど、彼らといっしょに働くのは楽しいよ。

でも、僕がここに来てから、興味深いことに近所のカフェが突然閉まったんだ。あのカフェはここの小さなコミュニティの中心のようなものだったんだ。誰もが誰もを知っていて、コミュニティ・センターはたったひとつ、それがカフェだった。そして、それが閉店した。僕は、「えっ、閉めちゃったなんて酷いなあ。もう行くところがない」って感じ。彼らはほとんど毎週、いい感じのマーケットを開催していて、そこに行けばみんなが自分のところの食べものを売ってたんだ。みんなが自分の食べものを育ててるから、友達に優しくする一環でそれを買うんだよね。本当にほほえましかった。なので、あそこが閉まった時、友達に話しているうちに僕は、「ハッカーファームをカフェに拡張するのはどうかな？」みたいになったんだ。なので僕らはいまこのカフェで話し合いをやっているよ。

やってみると、カフェの外には大きな土地があった。カフェはすごく大きい、1エーカーぐらいありそうな敷地に立ってたんだ。屋外スペースがたくさんあるから、僕らでライブステージみたいなシアターを建てるつもり。それでパフォーマーを招くんだ。次の問題は、ここではみんな早い時間に寝床につくこと。夜の屋外パフォーマンスを本格的にやることはできないんだよね。だから、音を出さないサイレント・シアターの実験を

してみるつもり。みんながヘッドフォンを装着して、無線で送信するんだ。

ジョン｜ああ、なるほど。そうすれば夜に眠っている農家の人たちを邪魔しなくてすむと。

クリス｜そうそう。面白そうになってきた。

ジョン｜わかった。

クリス｜とっても楽しいよ。経済的な不安やらそういったもの全部から自由になって、ただ面白いプロジェクトに集中する、しかもそれがいっぱいあるってのは。信じられないね。

ジョン｜つまり、この農場は君に、常にあくせく働くことなく、やりたいことをやる自由を与えたってことだね。オンラインショップとフリーランスの仕事でいくらかお金を稼ぐことはできるけど、生活に必要な経費がとても少ないので、ダラムサラのプロジェクトみたいなことをやったり、農業に関する実験をしたり、カフェをはじめたりできる。都会で週50時間働いていたらできなかったことだ。

クリス｜そうそう。ひとつだけ僕からつけ加えるとしたら、これがすごくすばらしいからこそ、僕らは他の人たちにもここに来させようとしてるってこと。僕が本当にうんざりしてしまうのは、デザイナーたちが本当にいい腕をしているのにもかかわらず、彼らがするべきことをして生計を立てることができていないことだ。ダンサーにもパフォーミング・アーティストにも同じ問題がある。クリエイティヴな人たちを、ここ、生活費を心配することなくただクリエイティヴになれる場所に呼び込もうとしてる。もし彼らが展示でも他のことでも何かやりたい時には、東京へのバスに乗ればいい。そういうこと。目指すのは、

束縛されない創造的自由みたいなもの、ってことになるだろうね。

----

*1 http://www.freaklabs.org/
*2 http://tokyohackerspace.org/
*3 http://www.hackerfarm.jp/
*4 クリスが開発したArduinoベースで無線機能内蔵のボード。
*5 センサー(ガイガーカウンター)でネットワークを構築、世界各地の人々が収集した放射線量データを活用するプロジェクト。
*6 空き瓶と太陽電池で作るオープンソースの代替照明装置。
*7 LEDや配線などのパーツを搭載したステッカーで電子工作を学べるキット。
*8 http://chibitronics.com/

PROFILE ◎ クリス・"アキバ"・ワン(Chris "Akiba" Wang)はあらゆるエレクトロニクスに魅了されているが、とりわけ無線およびワイヤレスセンサーネットワークが、人々の日常的行動を大きく変える可能性に興味がある。彼はオープンソースソフトウェア、オープンソースハードウェア、近年のマイクロマニファクチュアリング現象にもおおいに関心を持っている。　　　　　(写真:クリス・ワン)

PROFILE ◎ ジョン・バイクタル(John Baichtal)はメイカーズ的テーマの著書を何冊か書いてきた。『Arduino for Beginners: Essential Skills Every Maker Needs』(Que Publishing)、『Make: Lego and Arduino Projects: Projects for extending MINDSTORMS NXT with open-source electronics』(Maker Media)、『Hack This: 24 Incredible Hackerspace Projects from the DIY Movement』(Que Publishing)、『Maker Pro』(Maker Media、本書)、『Robot Builder: The Beginner's Guide to Building Robots』(Que Publishing)。写真は自作のパイン材製ダービー・カーを走らせるジョン・バイクタル(左)。　　　(写真:マリー・フラナガン)

14 作ることにはあなたが思っている以上に大きな力がある

デヴィッド・ゴーントレット

メイクとシェアについて研究しているゴーントレット教授は、「なぜ私たちはものを作るのか」を考察する。メイキングは、自分自身で新しい文化や未来を毎日作りだしていくことなんだ、と教授は言う。

　ハロー、メイカーのみなさん！　私はこの本の中では浮いているかもしれません。なぜなら私はプロのメイカーではないからです。私はメイカーと作ることについて、自分の仕事の一環として調査し、書いていますが、それを除いては完全に非プロ的なメイカーです。私はちゃんとしたものは作りません。でも、私はものを作ります。私がものを作るのは、何かを学び、他の人たちとつながるため、そして、それが楽しいからです。

　もしあなたがプロのメイカーだったり、いつかそうなりたいと思っている人だったとしても、私のようなアマチュアのメイカーはあなたの反対ではありませんし、競争相手でもありません。私たちは、潜在的に、あなたがたの最良のファン層です。なぜなら私たちはものづくりの喜びと痛みを知っているから。もしあなたが本当にいいものを作っていたら、私たちはそれを理解し、認識し、シェアするでしょう。

　メイカームーブメントが、本質的に——あるいは、そこが最もエキサイティングなところだと私が考えている通り——プロ

というよりただ熱心な人々のネットワークによるものだということは、プロのメイカーにとってもすばらしいことです。ハンドメイドの価値を知っていて、これまで存在しなかったものをデザインし作るために注がれた熱意と創造性を認める人々が存在しているのです。人生最良のものは工場で製造されるものではないと本気で信じている人々が存在しているのです。

ものづくりが特別に強力なものだと私が考えているのは、それがつながりにまつわるものだからです。私はこの考えを存分に検討するために、『Making is Connecting（作ることはつながること）』と題した本を書きすらしました。それは、メイキングが主に3つのやりかたでつながりを生むという指摘からはじまります。

- 作ることはつながること。なぜならあなたは新しいものを作るために、様々なもの——素材、アイデア、あるいは両方——を、ひとつにまとめなければならないから。
- 作ることはつながること。なぜなら創造の行為は通常、どこかの点で、社会的側面に関わるものであり、私たちを他の人々とつなげるから。
- 作ることはつながること。なぜなら作ることとそれをシェアすることを通じて、私たちは自らの生きる世界への関与を促し、社会的、政治的、芸術的な文化と環境とのつながりを築くから。

したがって、ものを作ることは間違いなく良いことで、やりがいがあり、楽しいことですが、しかし良いことでやりがいが

あり楽しいだけでもないのです。それはこの惑星での私たちの未来にとって必要不可欠です。なぜなら、それは人々のつながりと所属と物事への関与にまつわる感覚を育むからです。そして私たちは、手を動かして学習する人々と創造的な人々の世代を触発し、育てなければいけません。それは私たちの文化に多様なアイデアと新しい改革をもたらすからであり、創造的な人々がいなければ私たちを待ち受ける環境的および社会的課題を解決することができないからでもあります。

　ここで、こうした観察から見出された6つのポイントが以下です。

1. なぜものを作るのか?

　『Making is Connecting』のための調査の一環として、私は人がものを作る動機についての先行研究をまとめて整理しました。オンラインで制作している人々についての調査を読みました——ブロガー、YouTube動画制作者、その他のデジタル・クリエイティヴィティをシェアする人々です。オフラインで作っているハンズオンの人々の研究も読みました——クラフター、ロボット製造者、ジュエリーや衣服を作る人々などです。こうした人々みんなにたくさんの共通点があることがわかりました。

　それは要約すると、以下の3点です。

- 媒介（エージェンシー）
　個人的なレベルにおいて、作ることは喜びや楽しさ、思索、省察の機会を提供し、世界に能動的かつ創造的に作用する者

としての自己認識を育む。
- 共同体（コミュニティ）
  また、作ることは、決定的に社会的な行為である——人々が創造に時間を費やすのは、対話とコミュニティへの能動的な参加者となりたいからだ。
- 承認（リコグニション）
  自分の作ったものや貢献によって、面白い人々（同好の士）のコミュニティ内で認知され、尊敬を得たいという欲望もある。

　はじめのふたつは特に驚くべきことには聞こえないかもしれませんが、３つめはひっかかります——はたして人は承認を必要とするのでしょうか？　もちろん必要とします——そして、それはちっとも間違ったことではありません。人間は日々の生活において創造的でいる必要があります——それぞれの個人の世界に、多様性と発明を持ち込むことは、人生を生きるに足るものにする行為のひとつです——そして、人間は自分がいい意味で他人とは違うことをはっきりさせたいものなのです。

　なので、その人の特定の専門技能に注目し敬意を払うコミュニティの中にいることは、人にとって本当に大事なことなのです。もしあなたに得意なことがあって、周りの人々は特にそれに関心を持っていなかったとしても、それを評価するオーディエンスを、世界のどこかにいつでも見つけることができるというのは、インターネットがメイカーたちをつなげたことの喜ばしい側面です。もちろん、実際的なレベルにおいても、ネットはプロのメイカーが自分の作品を好きでそれを買いたい人々を

見つけるのに助けとなっています。

2. メイカーの精神

　私にとってのインスピレーションの源のひとつはアーツ・アンド・クラフツ運動[*1]です。この運動が起こったのは19世紀後半ですが、信じられないほど現在にも通じる考えかたが基盤になっています。大量生産品への反応として出現したこの運動は、他とは違う、表現豊かなものを作ることの力を提唱するものです。アーツ・アンド・クラフツ思想の一部は、たとえば中世のカテドラルにみられるガーゴイル像[*2]のような、つくりは粗いけれど独特なものをおおいに賞賛したジョン・ラスキン[*3]から来ています。ラスキンは、こうした奇抜な、未完成の、非プロ的なものへの情熱をもって、ヴィクトリア時代のアートの権威から離れました――ラスキンが主張していたのは、私たちが本当に評価すべきものは慣習的な型ではないということでした。作られたものの中に、伝えたい、自分を表現したい、何かを言いたい、他人に影響を与えたいという衝動を感じた作者の精神を見出せることが重要なのです。

　この考えかたを今日に持ってくると、DIYソーシャル・メディアの興隆――自作YouTube動画など――や、コンテンポラリー・クラフト、そしてメイカームーブメントといったものはすべて、何かを作りたい、特に自分だけのものを作り出したいという人々のものです。ひとつひとつのものがメイカーの精神を祝福し、それを作った個人を映し出し、私たち全員が持つ、創造的な選択をして身の周りの世界を構築することの力を祝福しています。

作られたものは何でも、少なくともふたつの役割を担っています。つまり、それ自体が良いものであるのに加えて、他の人たちに何かを作ろうという気持ちを起こさせるのです。それは、私たちがプロの製造業者によって大量生産されたものを消費するだけではなく、自分たち自身で毎日、新しく、文化を作り出すこともできることを示しているのです。これは3つめのポイントにつながります。

3. 自らの幸運を作り出せ

ありとあらゆる種類の日々の創造的行為のうねり——私たちがメイカームーブメント、クラフト、ブログ、YouTubeで目にしているもの——は、DIYのエートスと結びついており、そこで人々は「ただそれをする」ことの力に気づいています(ロブ・ホプキンス[*4]の本のタイトル『The Power of Just Doing Stuff(ただそれをすることの力)』が示唆しているように。また、『Make Your Own Luck(自分自身の幸運を作り出せ)』の著者でデザイナーのケイト・モロス[*5]にも感謝を捧げます)。

Kickstarterのようなクラウドファンディングのウェブサイトや、Etsyのようなオンライン販売のプラットフォームは(とりわけ、Twitterのような他のソーシャルメディアとあわせて使用された場合に)人々がその創造的な営みに注目を集め、支援を得る助けになります。2008年、ケヴィン・ケリー[*6]は「1,000人の本当のファン」についての心励まされる議論を展開しました。「クリエイターが生計を立てるには、本当のファンを1,000人だけ獲得すればいい」という提言です。つまり、もしあなた

のしていることに対して年に100ドル喜んで払うファンが1,000人いれば、いい暮らしをするには充分だと（合計10万ドル、そこから経費をマイナス）。これは魅力的です。1,000人のファンというのはそんなに莫大には感じられません——頭に思い描くことができる数字です。そしてソーシャルメディアのツールは、ファンと対話が成り立つ関係を築くことを以前より簡単にしました。数に限度はありますが——1,000人とか。

　もちろん、悲しいかな、ちょっと考えてみれば、すぐにそれが難しそうなことがわかってきます。ファンたちは、製造、創造、実演に経費がかかるものに対してお金を払っているのであり、したがってアーティストの懐に入る利益は総額のごくわずかな一部なのです——あなたの作ったものにファンたちが10万ドルを遣ったとして、あなたのもとに1万ドルが残るだけでもラッキーなぐらいで、それは決して割がいいとは言えません。さらに、この種の超熱心なファンを1,000人つけるには、おそらく、より広い「本当に興味を持っているファン」の層が何万人も必要です。そして、このレベルの関心を維持することも、ものすごく重労働なのです。ケリーは後のブログ記事で、こうした反対意見を紹介しました。この議論にはDIY的な魅力があるとはいえ、デジタル・プロダクト——書籍、音楽、アプリ——の話として考えたほうが説得力があるかもしれません。それならかなり低予算で製造し、コピーし、流通させることができるでしょうが、とはいってもやはり作るには時間と才能が要求されます。その反対にあたるハンドメイドの物体としてある品も、もちろん、ひとつ作るにも時間と才能と材料が必要とされるのです。

ケリーのヴィジョンは、私たちは少数のものすごい大スターの代わりに、もっと幅広く創意に富んだアーティストたちが持続可能な生活を築くことが可能な、もっと多様性のある創造的文化に移行することができるかもしれない、というものです。この型（モデル）は、よく考えると危なっかしく困難にみえるとはいえ、ケリーのブログに寄せられた数多くのコメントは、アーティストとしてのキャリアに関して自分で決定権を握り、それで「生計を立てる」喜びに言及しています。たとえそのアーティストが大ヒットやメインストリームでの成功を達成してはいなくとも、その作品が大好きだという人々との有意義な結びつきがあるということにも。

　ソーシャルメディアによって、クリエイティヴな人々が自分たちのしていることへの注目を集め、共通の関心からコミュニティを築き、お互いを刺激し感激し合うことが可能になったということは、あなたは「メディアからの注目」を待ったり、高い広告費を支払ったりすることなしに、自分で自分の幸運を生み出すことができるということです。それでもなお、その他の多くのことと同じく、これは骨の折れる仕事です。しかしいますぐ取りかかれることですし、そうして成功した人々の例もたくさんあるのです。

4. いまと違う世界への小さな一歩

　作ることはひとつの喜びですが、同時に私たちの未来に必要不可欠な、力強い社会運動であり、それは怖じ気づいてしまうほどに大きなものとなりつつあるようです。とはいえ、私たち

誰もが、小さな一歩一歩からできることなのです。そして、そうした小さな歩みこそが本当に大切なのです。

　もしあなたがプロのメイカーになると決心していたとしたら、あなたは大きな一歩を進んでいますが、それでも日常の、アマチュアのものづくりから離れずいてください——あるいは逆に、あなたの大きな一歩が、他の人のもっと小さく重要な歩みを促すかもしれません。誰かが帽子を編んだり、曲を書いたり、動画をシェアすることを、世界を変えるという観点からは取るに足らないものだとみなすのは簡単です。しかし、小さな歩みはすごく重要なのです。なぜならそれらがぜんぶ合わさって大きくなるのですから。

　あなたが何かを作って、世界に送り出す時——「作ることはつながること」の項で言った通り——それは世界とあなたとの関係を変えると、私は思います。あなたの環境、あなたの周りの人々、世界のあれこれとあなたとの関係も。日常生活において、私たちは世界に「参加する」ことを期待されていますが、その方法は限定されています——基本的に、他の人たちが作ったものを使い、他の人たちが作ったもののファンになったりそれを消費したり、といったかたちです。

　そしてあなたが自分でものを作る時、あなたはそういった期待を打ち破り、もっと能動的に世界へ足を踏み入れるのです。なので、最も重要なことはその一歩を踏み出すことだと私は考えます。あなたが何を作っているか、それが他の誰かまたは会社が作ったものと同じぐらい良いか有効かきれいかどうかは関係ありません。重要なのは、あなたが何かを作ってそれを世界に送り出したということです。あなたは違いを生み出している

のです。ごく小さな違いでも、それがたったひとりにしか気づかれなくても構いません。それはあなたが踏み出した一歩なのだから、それは偉大なる一歩なのです。

5. 情熱

　近年、「情熱」という言葉はどうみても使われすぎています——職務の一環として、住宅ローン、自動車保険など、あらゆる類のことに対して自分は情熱的だと主張する人々をあなたも知っているでしょう。しかし、アイデア、素材、そして熱心なメイカーたちが創造的に楽しむコミュニティへの喜びにあふれた関与を、一種の情熱と呼ぶのは筋が通っていますし、メイカーカルチャー全体の台頭を支える真の原動力は、この情熱なのです。自分が次にできること、そしてそれに他の人々がどのように関わってくるかに心を奪われているからこそ、私たちは何度も何度もやってみるのです。そしてこうしたやる気こそが、もっと普通の職に就く代わりに、「1,000人——あるいはそれ以上！——の本物のファン」の支持層を築きあげるという、困難かつ不安定な任務を支えるのです。

　メイカームーブメントがすばらしいのは、みんな常に自分がやりたいからやっているところです。メイカーたちの情熱的な関与が、そこに命を吹き込み、すべてを動かすのです。彼らがそれをしているのは、通常は、資格や地位やお金のためではありません——誰かにやれと言われたからでもないし、仕事の一部だからというわけでもありません。ただ単純に、それが彼らのやりたいことだからなのです。

6. ひとつのことが別のことにつながる

これにはすべてドミノ倒しのような効果があります。私たちの多くが、教育システムにおいて遊び心あふれる創造性と実験があまり重視されていないことを嘆いてます。私たちは子どもたちのために、記憶された知識のテストに重きを置くよりも、ハンズオン学習や、ものづくりや、いろいろと試してみることを含んだ、もっと創造的な学校教育がなされることを求めています。なのに現状を変えるには自分たちが無力であるように感じているのです——それはあまりにも大きく、根深く染みついているようにみえます。

私はこれまで、教育をこういう方向に変える必要について議論するカンファレンスや委員会に出席してきましたが、多くの場合、話題の焦点となるのは子どもと学校です。もちろんそうでしょう。私たちは見たところ学校での子どもたちの教育について話しているのですから。しかし実際、それはシステムを構成する要素でしかありません。遊び心あふれる学習と実験の文化を手に入れたいのなら、どうしたらそれを学校で発生させることができるか探るより先に、まず大人たちが遊び心あふれる学習と実験の文化を受け入れるようにならなくてはいけないのです。

最近、興味深い経験をしました。私がこの件について指摘すると、だいたい話を理解されているようなのですが、どうやら彼らは私が親についての話をしているのだと捉えていたようだということがあきらかになるのです。しかし私は、子どもたちのためにもっと遊び心のある学習を、という意見に、親たちを

賛成させたいだけではありません——これはそれよりもずっと大きな話です。私は大人の文化というものそれ自体が、もっと遊び心に満ちた創造的なものとなる必要があると言っているのです。なぜなら、そうなってはじめて、それは本当に私たちが子どもたちに手渡すことができる、価値のあるものとなるのです。私たちは文化をひとつのシステム全体として捉える必要があり、残りの全部を変えることなしに「教育」の部分だけを切り離してなんとかすることができるなんて考えてはいけないのです。

ここで私は要求水準を劇的にあげました——文化全体をどうやって変化させようというのでしょうか？　しかし文化は、日常生活の領域において、少しずつ変わっていきます。したがって、メイカーたちは、他の人々のために、人生をどのように変化させることができるのかを示すモデリングをしているのです。

私はここで「モデリング」という言葉を、心理学者のマーク・ランコ[*7]から学んだ通りの意味で使っています。ある種の創造的実践への日常的な参与は、他の人々にとって刺激的なモデルを提供します——なぜなら日々の暮らしにおいて、創造的行動は模倣されるというだけでなく、自分自身がもっと創造的なことをやろうという意欲を人に起こさせます。人は誰か他の人が日常において幸せそうに創造的なことに関わっているのを目にします。こうして、メイカーたちは未来を変えているのです。ただ自分がやりたいことをやり、それを他の人々と分かち合うだけで。

ここで私が挙げたポイントは、メイカーとものづくりを祝福するたくさんの理由のうちのごくわずかでしかありません。人々は何千年にもわたってものを作り続けてきました。私たちは、

自分たちが作るものを取り巻くコミュニティを、つながりを、意味を築きあげてきました。私は本稿を、ものづくりは社会的に有用であり単に楽しいというだけではないと言うことからはじめたので、それをひと回りさせて締めくくりましょう。ものづくりは立派な社会運動の一部かもしれませんが、個人のレベルにおいては何よりも、関係を築き、人々を結びつけ、すばらしい幸せの源となり得るものなのです。

---

*1 英国のウィリアム・モリスの工芸革新の呼びかけから展開していったデザイン運動。
*2 ゴシック式建築にある怪物・怪人の石像。
*3 英国の美術・社会批評家（1819-1900）。
*4 英国のコミュニティ活動家。2005年よりトランジョン・タウン運動をはじめた。
*5 英国のグラフィック・デザイナー。
*6 編集者・作家。元「WIRED」編集長。
*7 認知心理学者。米ジョージア大教授。

PROFILE ◎デヴィッド・ゴーントレット（David Gauntlett）は英ウエストミンスター大学、メディア・アート・デザイン学部の教授。彼は自発的な日常の創造性、作ることとシェアすることについて研究および教育を行っている。著書に『Creative Explorations』（Routlesge）、『Making is Connecting』（Polity）、『Making Media Studies』（Peter Lang）。彼は、BBC、大英図書館、テートなど、世界的なクリエイティヴ機関と仕事をしてきた。彼は10年近くにわたって創造性、遊び、学習におけるイノベーションについてレゴグループと協働している。

（写真：デヴィッド・ゴーントレット）

15 サプライチェーンは人間だ
アンドリュー・"バニー"・ファン

※本章はクリエイティブ・コモンズ[表示-継承 3.0 非移植]ライセンスのもと公開されています。

スタートアップ企業向けにハードウェアを設計する"バニー"ファンはシンガポール在住で、深圳での仕事経験が豊富。そんな彼は「サプライチェーンは人でできているんだ」と断言する。

　現代の小売業およびeコマースの簡便性は、サプライチェーンの複雑さを覆い隠しています。消費者はタブレットを数回スワイプするだけで、他の人間と顔を合わせることなく、家に必要なものほとんどすべてを注文し、翌日には届けさせることができます。ロボットたちが商品のピッキングと梱包の作業を行い、CNCがロボット的精密さで製造作業を行う洗練されたマーケティング用映像は、小売の店頭の裏側で行われていることはすべて、ちょっと検索するか、何通か丁寧なメールを書くのと同じ程度に簡単だという印象をもたらしています。この考えはまず第一に、コードの領域で仕事をしているエンジニアたちについて、よくあてはめられています。すなわち、システムエンジニアたちは彼らの宇宙をソースからダウンロードし構築することができる、というように——FreeBSD[*1]システムには、make build worldというコマンドまであり、実際その通りのこ

と行います。

　高度に自動化された世界が原子（アトム）を操って製品に変えているというフィクションは世間に広く行き渡っています。ハードウェア・スタートアップの人たちにサプライチェーンの現場を紹介する時、ほとんど全員が、どれだけたくさんの手作業がサプライチェーンに含まれているかについて何かを言います。サプライチェーンのうち自動化が進んでいるのは、最大級に大量の製品と選ばれたごく一部だけであり、それゆえにたくさんの人々が僕に、「この労働者たちをこんな単純作業から解放させるために我々は何かできないのか？」と尋ねるのです。これらの作業はとても単調なものに見えますが、現実には、人間の行う最もシンプルな業務は、ロボットにとっては信じられないぐらい難しいものなのです。どんな子どもでも、おもちゃがごちゃ混ぜになった箱から赤い2×1のレゴブロック一片を取り出すことができます。しかしいまのところ、この作業を人間と同じだけの速さで状況に対応して行うことができるロボットは存在しません。

　たとえば、可動式ロボットによる倉庫作業の自動履行システムであるKIVAシステム[*2]は、そうは言っても自動式の棚から人間が品を取らねばなりませんし、FANUCのピック-パック-パルロボット[*3]は任意の部品に対応できるとはいえ、それらがすべて同質のもので平面に置かれている場合のみです。ふぞろいの部品の箱から正しいものを作り出すという挑戦、しかもシンプルな音声コマンドによるプログラムで、というのは、最先端の研究課題なのです。

　逆にこう言うこともできます。完全に自動化された仕組みで

図15-1 | 工場のチームと仕事をするバニー（写真：アンドリュー・フアン）

製造することができる新しいハードウェア製品は、その成り立ちから、完全に自動化された製造プロセスの規準にまだ含まれてはいない手法に依存している何かに較べると、新しくはないのです。レーザープリントされた紙は、オフセットプリントやデボス加工や金属フィルム転写のカードに較べると、どうしてもありふれたものに見えるでしょう。自動化するとなると、ハードウェアの機械的処理の細かい部分は特に厄介なのです。

　色を特定するといったごく単純なタスクですら、印刷されたパントーン（色見本帳）の色指定登録に頼ることになりますし、質感、表面の仕上げ、ボタンやノブを触った時の感じなどの微妙な質に関しては言うまでもありません。もちろん、どんな製品の製造でも高度に自動化される可能性はありますが、しかしそれには莫大な投資が必要になり、したがって自動化された組立ラインを作るのにかかる研究開発費を償却するためには、毎月数百万個の規模で出荷しなければならないのです。

　こうして、サプライチェーンはしばしば、機械よりも人のほ

うが多い体制になっています。なぜなら、人間はサプライチェーンにとって必要不可欠な部分を担っており、新しく面白いことをしようとしているハードウェア・メーカーはたびたび、自分たちの成功を阻む最大の障害物となるものが、お金でも機械でも材料でもなく人間であることに気づくのです。何がいちばん難しいのかといえば、自分たちのヴィジョンを実現させるために正しい人および共同事業者を見つけることです。インターネットとロボットの出現とはうらはらに、サプライチェーンの現実は、多くの人々の頭の中にあるAmazon.comやTarget[*4]の姿からは遠く離れています。それはむしろ何千もの商人が居並び、値段が固定されていない屋外バザーのほうに近く、そうした状況において、最高にいい値段ないしは品質のものを手に入れるために必要なのは、商人のネットワークと個人的な強い結びつきを築くことです。

　僕は、はじめてハードウェアの世界に参入した時、この自由市場のパラダイムの中でうまくやっていく準備ができていませんでした。僕はアメリカ中西部の保護された地域で育ち、いつも商品に決まった値札が貼られている店で買い物をしていました。値切ったり値切られたりにはなじみがなかったのです。なので、深圳のエレクトロニクス・マーケットに赴くのは、僕にとって技術的な学びの体験だったというだけにとどまらず、文化的に自分とは異なる商人たちとのつき合いや交渉についても、多くを教えられました。マーケットに出ている多くのものがゴミだというのは真実ですが、とはいっても核となる製品を製造するための契約交渉の段になって失敗して学ぶよりも、ホビー的なものを作るためのLED1袋をめぐる交渉で失敗して学ぶ

図15-2｜バニーのプロジェクトのひとつ、オープンソース・ラップトップのNovena（写真：アンドリュー・フアン）

ほうがずっといいでしょう。

　この点は、ハードウェア・スタートアップにおいてしばしば見逃されがちです。僕は、本当にアジアに行く必要があるのかとしょっちゅう尋ねられます——合衆国から指示すればいいじゃないか？　メールや電話会議で充分じゃないか？　もっと悪い時には、我々のためにすべてを手配してくれる「代理人を雇えないか？」と。それも可能だとは思いますが、あなたは自分の夕飯や洋服を買うのに代理人を雇いますか？　マーケットで材料となる部品を獲得するのは、棚から品を取ってカゴに入れる以上のことなのです。それがたとえきちんとしたマーケットと消費者保護法の行き届いた先進国でのことであっても。あらゆる段階で判断が求められます——牛乳を買う時、あなたならおそらくいちばん賞味期限の長いものを選ぶでしょうが、一方、代理人は単純に最初に目に入ってきた瓶を手に取るでしょう。服を買う時、あなたならサイズが合うか、ほころびがないかを

確かめ、他の型やトレンドや、その時安売りに出されているものも見て、できるだけいい買い物をしようとするでしょう。

　決まった指示に従って行動する代理人は、あなたが欲しがっている特定のものを手に入れることはできるでしょうが、あなたは他のお買い得品を見逃すことになります。単純にあなたがそれを知らないという理由で。結局のところ、牛乳の新鮮さやファッションや着心地はささやかなことですが、何かをたくさん製造するとなると、微細な要素が何千倍にも大きな問題に膨らむのです。何百万倍とは言わないまでも。

　マネジメントを代理人に任せたり、メールや電話会議でしかやりとりしない場合にどんな損失があるかというと、そこで戦略上の情報が失われること以上に、サプライチェーンとの個人的な関係が失われることが大きいでしょう。工場といっしょに仕事をするのは、ある程度ですが家の客人になることに似ています。自分でかたづけをして、皿洗いの手伝いを申し出て、壊れたものを修理すれば、あなたはいつでも歓迎され、次に滞在する時にはもっといい扱いを受けるでしょう。表面的な礼儀正しさの習慣を超えて、工場とお互いの利になる深い関係を生み出すことができれば、あなたのビジネスにとってその価値は金銭を超えたものになります――時間厳守、高品質、サービスといった無形のものには、お金では買えない価値があるのです。

　ハードウェア・スタートアップのみなさんに僕が言いたいのは、あなたが工場に与えることのできる唯一の価値あるものはお金であり、基本的に彼らにとってあなたは無価値だということです――たとえあなたが資金調達の段階で現金を潤沢に手にしていたとしても、資金には限りがあるということを、工場側

もあなたと同じようによく知っています。僕はスタートアップの人たちが、以前、たとえば、自分がAppleにいた頃は良いサービスを受けていたのに、どうしていまは同じ程度のサービスを受けることができないんだと不満を口にするのを聞いてきました。どこに違いがあるかというと、Appleは何千億もの現金を持っていて、五つ星サービスに対価を払うことができるところです。彼らの資本と確実な利益こそが、製造業者が関与する根拠となる第一級の契約なのです。

　その一方で、ハードウェア・スタートアップは成功への道のりをヒッチハイクやカウチサーフ（民泊）で進まなくてはなりません。したがって、あなたのパートナーが見返りを受けるこ

図15-3｜裏に接着剤のついた電子部品、サーキット・ステッカーもバニーのプロジェクトだ（写真：アンドリュー・フアン）

とができるよう、お金以外の方法を見つけることを強くお勧めします。たとえそれが礼儀正しいふるまいと心からの笑顔といった極めてシンプルなことであっても。飲食業をはじめ、あらゆるサービス産業に同じことが言えます。もしあなたがミシュランの三つ星レストランで食事ができるだけのお金を持っていれば、いつでも魔法使いのおばあさんのように気前のいいサービスを受けられるでしょうが、その代わり食後には1,000ドルの請求書も受け取るのです。地元の安食堂で必要なのはたった10ドルかもしれませんが、従業員に敬意をもって接することが、いいサービスを受けることにつながります。もしかしたら混雑していない時間帯に行くことや、充分なチップを払うことも。そのうちに、従業員はあなたの顔を覚えて、いいサービスをしてくれるでしょう。

　要は、サプライチェーンは人によってできているのであり、人というのは常に理性的とは限らず、たまには間違いをするものだということです。しかしながら同時に、人は刺激を受け、教わることができ、目標の達成と心から信じる夢のために飽くことなく働くものでもあります。

　経営者に対しては、製品を工場に売り込んであなたのヴィジョンを信じさせることが大切です。エンジニアに対しては、彼らの努力を高く評価し、その技術に敬意を払うことが大切です。僕はこれまでに数々の難しい問題を解決してきましたが、それは会議室でのパワーポイントより、ビールを介した仲間意識によってなんとかなったことのほうが多いです。一般の労働者に対しては、退屈な作業を最小限にする製品を設計するよう最善を努め、製造やテストのために彼らに提供するツールが楽しく

やりがいのあるものになるよう、かなりの力を注ぎます。それができない時は、長く退屈な製造過程において労働者にとっての安全地帯となるような、オーディオとヴィジュアルの合図を加えます。

　限りある予算でハードウェアのサプライチェーンを効率的に稼働させる秘訣は、すべてのコストを知って時間通りに正確な指示を出すことだけではなく、そのうしろにいる人々を理解し、彼らの人柄をよく読み、彼らが実際に望んでいるインセンティヴを与え、間違えた時には改善するよう導くことなのです。あなたのサプライチェーンはただの商人ではありません。彼らはあなたの会社の延長なのです。

　全般的に見て、僕が自分のサプライチェーンでこれまでに出会ってきた人の99％は基本的に良い心根の人々で、誠実に正しいことをしようとしていました。ほとんどの問題は悪意によって引き起こされたものではなく、むしろ能力不足や誤解、文化の違いによるものでした。たいへん興味深いことに、人はしばしばあなたがその人に期待する通りになってくるものです。もしあなたが彼らをはじめから無能だと思っていたら、たとえそうでなかったとしても、すでにそう扱われているということで、向上しようという意欲は生まれないでしょう——自動的に有罪と判断されるとわかっていたら無罪を主張するより犯罪を犯すほうがましということです。

　これと同様に、彼らに有能であることを期待していると、多くの場合、彼らは向上し、より良い働きを見せるようになります。なぜなら単純に、彼らはあなたを、そしてさらに言えば彼ら自身を失望させたくないからです。1％の本当の悪人は存在

し、自ずとあなたの進む道を邪魔する最大の障害物となりますが、しかし誰もがあなたを陥れようとしているわけではないということを覚えていることが大事です。もしあなたが充分に支持者の輪を築いていれば、悪人だって目標を達成するために他人の助けを頼っているのですから、できるのはせいぜいあなたを傷つけるぐらいです。何かが間違った方向へ行った時に最初に思い浮かぶのは「彼らが私をコケにしている、どうやってやり返そう」ではなく、「我々はどうやって協力していっしょに状況を改善できるだろうか？」であるべきです。

つまるところ、ハードウェアの製造は根本的に社会的な課題です。一般的に、最も面白くユニークな製造過程は自動化されておらず、特別にあつらえた製品と製造手段を開発するためには、他の人々と協力することが必要不可欠です。さらに、物理的なものは必然的に他の人に所有され、使用されます。いかに彼らにやる気を起こさせ巻き込むかを理解することが、あなたの収支だけに限らず、スケジュール、品質、サービスの向上のつながります。誰もが『アイアンマン』のトニー・スタークの人工知能「JARVIS（ジャービス）」を手にして、高度な知能で自動的にハードウェアの製造を取り仕切る時代が来るまでは、ある程度の規模のハードウェア製造業を興そうとする人は、回路や機械工学のことをだけでなく、いかにサプライヤーと労働者のネットワークにやる気を起こさせ、効果的に指揮するかも理解しなければならないのです。

結局のところは、人です——サプライチェーンは人でできているのです！

*1 オープンソースのUNIX系OS。
*2 AmazonがKiva systemsを買収、物流センターに配備している倉庫ロボット。
*3 ファナックが開発しているピッキング、包装、パレット積載ロボット。
*4 米国で売上高5位の小売業者。

PROFILE◎アンドリュー・"バニー"・ファン（Andrew "bunnie" Huang）はオープンソース・ハードウェア／デザイナー、Xboxハッカー、Chumbyのクリエイター。シンガポール在住。2012年、ハードウェア・ハッキングおよびオープンソース思想の擁護の功績によってEFFパイオニア・アウォードを受賞した。　（写真：アンドリュー・ファン）

16 生活のためだけの仕事を辞めよう
ソフィ・クラヴィッツ

真面目なエンジニアのソフィは、あまり休暇を取らなかった。でも、アート・エンジニアリングに惹かれるソフィは、制作時間のために"Makecations(メイク休暇)"を取ること(つまり退職)を決めた!

　好きな人たちといっしょに、好きなものを作る……あなたがするべきことは退職願いの提出です。2週間の猶予をもたせて。
　私はかつて、金曜の夜にフルタイムのエンジニア業から帰ってくるなりソファに倒れ込み、疲れ切って落ち込んでいました。1週間がぜんぶ過ぎ去り、週の終わりになってようやく、いまの自分にはうちの作業場で自分自身のものを設計したり作ったりする時間も頭の中の余白もないのだと思い至るのです。
　私が本当にやりたかったのは、自分自身のプロジェクトに取り組むことでした。そして私は貪欲で、夜と週末だけでなく、いつでもそうすることができる自由を求めていました。これは私がいかにしてこのライフスタイルを手に入れたかについての話です。
　ちょっと背景をお話ししましょう。私はそれまで7年間にわたってハードウェア設計のエンジニアとして働いていました。主に産業機器のコントロールシステムの設計です。チームの一員として、研究実験用ガラス器具洗浄機、フリーズドライヤー、

温度管理システム、ガス供給システムなどを手掛けていました。基本的に、これらの機械は、ハードウェア、ソフトウェア、電子工学がひとつになった大きなスケールのロボットです。楽しい！

　私は自分に十分な休みを取るためだけに、プロジェクトを（そして仕事を）しょっちゅう変えてきました。上司に監督されて同僚たちと働く小さなチームのデザイナーとして、一度に1週間以上オフィスを留守にするのは難しかったのです。そして、締め切りがあります。

　これまで様々な業種および役職で働いてきましたが、ここ合衆国では、1週間以上の休暇を反発を浴びることなく取るのは、どうやら当たり前ではないようです。

　私はギニア、中国、ニュージーランド、いくつもの西ヨーロッパの国に行ったことがありますが、それでも会社を9日間以上離れたことはありませんでした。外国を旅するのに加えて、私

図16-1｜The HeartBeat BoomBoxは、ソニーのブームボックスをハックし、3個のオキシメータセンサを利用。3人の参加者が同時に操作し、心臓の鼓動にあわせてドラムビートを演奏させる（写真：ソフィ・クラヴィッツ）

は常に自分のプロジェクトに取り組むために「Makecations（メイク休暇）」をしたいと望んでいました。

　チームは仕事のプロジェクトをひとつ終えると、次を待つことになります。マネジメントが次のプロジェクトを振ってくるのを待っているあいだ、私たちは忙しいふりをしていました。家に帰って待機したい、そのあいだ給料はいらないという私の要求は、いつも認められませんでした。なので私は先へ進み、あいだに6週間の休みをとるのでした。

　フルタイムの職に就くことの良い面は、安定収入と福利厚生以上に、その仕事を通じてコラボレーターやビジネスパートナーや生涯の友達を得ることができるところにあります。もしあなたが現在フルタイムの職に就いていて辞めようと考えていたら、そこを有効活用してください。ひとりきりになると、専門技術のあるコラボレーターを見つけるのはかなり難しくなります。多くの場合、彼らは人気者ですから。

　2010年には、私は自分の時間と創造性を雇用主に支配されてそれは不幸な状態で、脱出を企てるしかなくなりました。私は自分で独立して何かがしたいと友達に伝えました。そしてプロジェクトをかたちにする時間とお金が充分に手元に残っていて欲しいと。見たところ、選択肢ははっきりしていました。

1. コンサルタントになる
2. パートタイムの長くできる職につく
3. 製品をデザインする／製品を売る

　これらの選択肢にはすべていくらかの準備時間と資金が必要

ですから、新たな収入が発生するまでなんとか暮らしを立てていかなくてはなりません。

　私はブログをやっていて、そこでさまざまな人にインタビューし、どうして仕事を辞めたか、それには何が必要かを具体的に聞きました。まず辞めて週40時間以上が自由になった時に、自分が何をするかをわかっていること。それから、ほとんどの人は、フルタイムの仕事を辞める前に少なくとも１年分の給料を貯めたと言いました。１年分の給料！

　私には大きな貯金はありませんでしたし、すぐにそんなに貯められるほど稼いでおらず、それができる見込みもなさそうでした。なんらかの収入源を確保しないまま会社を辞めるのは自分には向いていなかったし、おそらくあなたにも向いていないのではないかと思います。いま振り返れば、私は３つの選択肢をぜんぶ試してきており、現在は自分がどのプロジェクトに取り組みたいか次第で、全部まぜこぜの状態です。

　状況を分析的に見れば、当座の答えはパートタイムで働くことだということはあきらかでした。週のうち１日休みにする代わり20％の減給で、雇用主たちは私を安く使うだろうと思いました。残念ながら、そうはなりませんでした。すぐにわかったのですが、既存の企業はパートタイムのエンジニアを求めていません。彼らが求めているのは、週５日間の思考力すべてを彼らに捧げる人なのです。彼らはあなたとあなたの創造性を所有したいのです。私はあるスタートアップ企業に自分を週４日で雇わせることができましたが、スケジュールをめぐって上司と衝突することになり、フルタイム労働に屈して、結局はクビになりました。

クビになったとはいえ、誰かのために週4日働くというのは、ほとんど完璧に思えました。毎週、木曜午後になる頃までにはちょっとした政治的衝突が発生していて、マネージャーたちは何とかしようとしていましたが、そこで私は「じゃあね、良い週末を」。これより良いことがあるとしたら、誰かのために週3日働くことではないかと思いました。3日分の報酬は多くはありませんが、私は小さな町に住んでいるので、たぶん大丈夫なのではないかと思います。

　私は仕事の分野を、テクニカルセールスとアプリケーションのほうに変えました。上司次第というより顧客次第の分野だからです。どこにいても、電話で仕事をすることができます。顧客と話して報酬を支払われながら、新製品のハンダ付け作業ができました。ミーティングはすべて火曜日と水曜日にまとめ、月曜日の朝いちばんにセールスの電話をしました。月曜日にまっ先に電話をするというのは、重要人物と連絡を取るための秘訣としてよく知られています――怠け者の反対の時間帯なのです。

　現在私は週4日間を完全に休みにしています。中断のない4日連続の休みというのはたくさんの製品を作るのに十分な時間です。こんなに個人的な関心を追求できる時間があるというのは私の人生ではじめてのことで、信じられないほどです。週末にしかプロジェクトに取り組めなかった頃、最初の1日は慣れるのに費やされ、2日目はいろいろと間違えていました。次の週末も同じような道のりが繰り返されますが、家族の用事で週末が飛ぶこともあり、そうすると大幅に遅れが出てしまい、ふたたび関心を取り戻すのも難しくなります。3日目、4日目があることで、本来の時間でやり終えることができるようになり

ました。

　仕事について大勢の人と話すうちに、私のやりかたを多くの人々が求めていることがわかりました。興味のあることを追求する時間と、その時間について気を揉まなくてすむだけのお金——自分が関心のあることでたくさん稼いでいるわけではない場合はなおさらです。私たちが面白いと思えないことをする理由はシンプルです。つまりお金。私たちは自分自身を、家族を、生活を支えなければなりません。私は自分の職業についてみじめに感じつつ、好きなことをまったくできないまま人生を過ごしている人たちにたくさん会いました。彼らの多くは私に、身動きが取れないと言いました。経済問題のせいで、お金が必要だから、家族を支えているから、いまの仕事からどうやって脱出すればいいのかわからないから。ひどいことだと思います——私たちは本来みんなクリエイティヴな人間で、たくさんのものを世界に差し出すことができ、望む通りの暮らしをすることが優先されるべきなのに。

　自立への道のりは、時間と場所が自由な仕事で自分と家族の生活を支え、それに加えて、ボーナスとして、自分の技術と創造性を育むことにつながります。私たちはみんな、自分にとって意味のあることに時間を使いたいと願っています。もしあなたがメイカーなら、本当にやりたいプロジェクトには時間がたっぷりかかるでしょうし、常に何か新しいことを学んでいなかったら、たぶん退屈してしまうでしょう！

　1年ほどパートタイムで過ごした頃には、私は規模の大きなアート・エンジニアリングのプロジェクトをいくつか完成させていました。フルタイムで働いていた頃にはなにひとつできて

いなかったので、私にとってこれは大きな前進でした。製品化に進むべき時が来ました。

　私たちがKickstarterで目にしたり記事で読んだりしている、資金を集めた会社たちについての物語は真実です。お金を持っていなくても、プロトタイプだけで起業して、大金を調達することも可能です。製品を開発するあいだ、あなたとあなたのチームを支えるのに充分な資金が集まるかもしれません。しかしそうした状況が誰にでもあてはまるわけではありません——あなたのアイデアはそんなに良いものではないかもしれないし、売り物にはならないかもしれないし、開発に1年かそれ以上かかるかもしれないし、それを開発する技術がなく共同開発する人もいないかもしれないし、資金調達をどこからはじめたらいいのかわからないかもしれないし……などなど。インターネットを読んで誰もが起業ブームを生きているという印象を受けてしまうかもしれませんが、私たちのほとんどは違います。ほとんどの人々はごく普通の街に暮らしていて、そこではプロダクトデザインやものづくりや起業に興味のある人はごくわずかなのです。

　私の場合は、製品のアイデアに加えて、顧客もあらかじめ存在していました。製品は実験にマウスを利用している神経科学者のためのセンサーデバイスです。これはnosepokeという製品で、マウスが頭を「突っ込む（poke）」と、Noldusという会社が製造するデータ集積システムに「イエス、マウスが突っ込みました」という信号を送る機器です（図16-2）。これの開発を依頼された時、Noldusと簡単につなげることのできるこうした製品はまだありませんでした。私の顧客は科学者で、研究

室で簡単に使うことができるものを求めていたのです。ありがちなことに、この顧客は、私がこれを開発しているあいだに生活の足しになるようなお金は払いませんでした。パートタイムでこれに取り組みつつ、1年をかけて開発し、テストを行って安定した製品に仕上げ、最初の50台を納品しました。そして、支払いを受け取るまでにそれからさらに8か月かかりました。この間、まだパートタイムの仕事を続けていてよかったです！

　私は2〜3年前にパートタイムの勤めを辞めて、技術コンサルタントの仕事をはじめました。基本的にテクノロジーに関するさまざまな業務に幅広く対応しています。私のコンサルタント業が目指すところは、勤務地を限定されずに面白い有償のプロジェクトを手掛けながら、無償の個人的なプロジェクトを追求するのに充分な時間を確保することです。私はアート・エンジニアリングのプロジェクトに挑戦し、大金を生むことはないかもしれないアイデアを研究する自由を手にしていたいのです。

図16-2 | nosepokeはマウス用迷路で使用される。マウスは頭を穴に突っ込み、IRセンサーを作動させる（写真：ソフィ・クラヴィッツ）

コンサルタント業のもと、私は幸運にも、電気的設計から、他の人の設計の中にあるわかりにくい問題の発見（「機械の中の幽霊」的なものです）、ブログ、アプリケーション開発と販売、教育指導まで、さまざまなことをしています。新製品にも取り組んでいます。このライフスタイルは、現場主義で自己管理ですが、どこか学校にいるのに似ています。タイムマネジメントと自制が重要です。それがなければ、ものを作る時間は残りません！

　このライフスタイルは確かにたいへんです。ときどき何週間か仕事が途切れることもあります。私の仕事はすべて人づてに来ているので、自分はすでにこの小さな町のすべての中小企業と仕事をしてしまったのではないかと思ってしまうこともあります。収入が限られていると、心が乱れてしまいます――「次の仕事があるのかな？」とか、さらに悪いことには「私の大嫌いなものを設計する、魂をすり減らす仕事に就かざるを得なくなるかも」とか、暗い考えが胸に浮かんできます。

　あなたが自分のプロジェクトや製品を手掛けたい、もしくは正気を保ちたいという理由から仕事を辞めようとなった時、パートタイムの仕事、製品を売る、コンサルタント業の3つの選択肢があるとして、私はパートタイムで働くのがいちばん好きです。これはフルタイムの仕事を辞めるにあたって、あきらかにいちばんリスクの少ない道です。暮らしていけるだけのお金がもらえるパートタイムの仕事に就くことができれば、ずっとやりたかったプロジェクトの制作に取り組む時間を楽しむこともできます。また、パートタイムの仕事は、今後の起業の第一歩、プロダクトデザインへの資金調達、次に何をしたいか決めるあ

いだの暮らしを支えるのに利用することもできるのです！

PROFILE ◎ソフィ・クラヴィッツ（Sophi Kravitz）は2004年に彼女の最初のアニマトロニック作品を完成させて以来ずっと、インタラクティヴ作品を制作してきた。ソフィは正式に教育を受けたエンジニアで、最初のキャリアは映画や演劇のための特殊メイクだった。彼女は、大小のスクリーンで人目に触れる作品を手掛けていた際に、オーディエンスや参加者たちを満足させる作品を制作する楽しさに目覚めた。彼女のアート・エンジニアリング作品には電子工学やコードなど技術的な側面があるが、参加者たちはシンプルで美しいおもちゃとしてそれに触れることができる。

（写真：ソフィ・クラヴィッツ）

日本の
Maker Pro
から

17 ワンボックスカーで旅立つ理由
ヒゲキタ

一度ヒゲキタ手づくりのドームの中で星空を鑑賞すれば、きっとプラネタリウムの印象が変わる。「プラネタリウムはお勉強じゃなくてエンタメなんだ！」と。オリジナルの3D影絵演出は、どこでも大人気だ。

　祖父が船大工で父は漁師。家には和船の小舟があった。祖母は関東大震災の頃、東京の縫製工場で働いていたらしい。父は漁具を作ったり修理したり、自分の船のディーゼルエンジンをいじったりしていた。田んぼはなかったが、畑が少しあり、母は今でも野菜を作っている。納屋には稲わらが積んであり、ぞうり編みや、むしろ編みの道具があった。まあ、これは田舎ではどこの家にもあったはずだが。

　小学校の頃は身体が小さく外遊びよりも、家でハサミで箱を切ったり紙工作をしているような子供だった。歳の近い叔父が、トイカメラで写真を撮ったりしていて、ハンダ付けなんかも教えてくれた。プラモデルもいくつか作ったが、「模型とラジオ」に載っているボール紙のミニカーや紙飛行機、マブチモーターを使った工作などが好きだった。

　アポロ11号が月着陸したのは小学校の頃。そこから宇宙に興味をもち、父の船にあった双眼鏡で皆既月食をずっと眺めてスケッチした。大阪万国博覧会にも行った。そこのIBM館で

電気タイプライターで葉書を書こうみたいなコーナーがあってやってみたのだが初めて見るタイプライター、シフトキーなど全然わからずキーボードが嫌いになってしまった。これはパソコンに触るのが遅くなる一因になった。宇宙への興味は学校図書館にあったSF小説に移っていき、工作はあまりやらなくなっていった。

　高校の図書室にあった科学雑誌は毎月楽しみだった。「日経サイエンス」の数学パズル、「科学朝日」のメディアアートの記事で3D画像というのを知ったり。だが小説ばかり読んで勉強しないので、理科、英語の成績は悪くて大学は理系ではなく、経済学部に進学した。

　大学では天文サークルに入り、高原でキャンプして流星観測したり、星の写真を撮ったりすることを覚えた。白黒写真の現像焼き付け、キットで望遠鏡を作ったり。反射鏡を買ってアルミフレームの反射望遠鏡を作ったり、反射鏡を研磨したりして工作熱がよみがえってきた。サークルには機械工学科の人もいて工具などを借りたり教えてもらったりした。

　天文工作の本で簡易プラネタリウムの記事があり、本は買わなかったがアルミボウルに星図の通り穴を開け、中心に豆電球を入れて映し出すことはわかったので、個人的に作ってみることにした。「個人的に」というのは、当時からピンホールプラネタリウムは大学天文サークルの学園祭展示の定番で、たいていはサークルのプロジェクトとして製作され、個人で作ることはあまりなかったようなのだ。

　直径20センチのアルミのキッチンボウルを買って来て星図をプロットし、ピンバイスや小型手回しドリルで星の等級に合

わせて穴を開けていく。センターポンチも打たない手回し式ドリルなのでぶれやすく、またドリルの刃は細くすぐに折れた。最後のほうになると始めから短く折って使っていた。厚さ0.5ミリのアルミ板に穴を開けるのにドリル刃の長さは30ミリもいらないのだ。1週間かけて4等星までの約700個の穴を開けて部屋の壁や天井に映してみると豆電球のフィラメントの形が若干目立つ以外はわりときれいだった。

　しかし、これは大失敗作だった。星座がすべて裏返しだったのだ。立ち読みで作り方がわかったと思ったのが間違いだった。星図をそのままボウルの表面にプロットしていたのだ。内側からの光源で映し出すわけなので内側からみて正しい向き、つまり星図を裏返しにプロットしなくてはならなかった。普通、途中で気付くよね。かくして、最初のプラネタリウム投映機は黒歴史として闇に葬られた（捨てた）のだった。

　落胆は大きかったが、幸い誰も知らないこと。なかったことにして次はかなり設計に時間をかけた。回転する恒星球に電気を供給するには回転接点がいるのだが、これは必要か？　EX電球というプラネタリウム用光源があるのだがこれは必要か？　南極の恒星は必要か？　等級による穴の大きさの違いはどれくらいにするか？──などなど。最小限の構成で確実に動くものをと考えた。星図はトレーシングペーパーで裏返しにトレースした。

　手に入る一番細いドリル刃は0.2ミリ。この穴を最微恒星5等星にする。南極はないが南十字星あたりまで開けると恒星数は約2,000個。4等星の約3倍。1等級下がるごとに星の数は3倍に増えるのだ。まずボウル表面に経緯線を書き、星図から

プロットしていく。星座の線もアタリとして書き込む。等級によってペンの色を替える。そしてひとつひとつ穴を開けて、開けたら星図をチェック。果てしない作業だった。なぜプラネタリウムが個人的に作られなかったか理解した。1週間くらい寝食を忘れて集中したが後年、1等星のアークトゥルスを開け忘れていたことがわかった。5等星とかでもいくつか忘れているに違いない。

部屋の天井に映してみた。いくつかの豆電球からフィラメントのなるべく小さいものを選んだのできれいに投映できた。初めてドームも作った。ベニヤ板を細く切り円形に丸め、ひもで半球型になるようにつないで白布をかけた提灯のような構造のドームだった。サークルの仲間に見せると好評だったので、学園祭に展示することになった。

サークルの仲間が高校の時から天文部で、学校に組み立て式の直径3メートルのドームがあるというので借りて来てもらった。ペンライトで矢印ポインターや星座絵の投映機を作り、メンバーの交代で解説した。お客さんはあまり来なかったが自分が作ったものを見て喜んでもらえたのは楽しい体験だった。

3D影絵を投映する「ユーレカ！」

サークルではガリ版印刷で会誌を発行していた。字はへたくそだったが、イラストなどは描けたので、題字やカットなどを描いていた。こういうグラフィックデザイン的なものが好きみたいだ。卒業して田舎に帰っても仕事はないだろうと、県庁所在地まで帰って仕事を探した。いわゆるJターン。新聞の求人

広告で見つけたグラフィックデザインらしき会社は写真植字という仕事だった。研修に1か月くらい行って仕事を始めた。

　スナックをやっている叔母以外は誰も知ってる人がいない街だったが、地元の天文同好会を見つけて入会し、繁華街も近かったので毎晩飲みに行っていた。部屋は変形の3畳間で狭かったが、直径2.5メートルのドームをヒノキ棒と布で作ってプラネタリウムを投映した。たいていサークルの学園祭プロジェクトとして作られるプラネタリウムはサークルのもので、代々改良されたり、そのまま使われたり、修理できなくて廃棄されたりするものなのであるが、個人的に作ったので持ち帰ってきていたのだ。天文同好会のメンバーや飲み友達に見せたりしていた。

　1985年、入社して2年たった頃、なにか煮詰まっていたのだろう、突然欠勤してサークルの先輩の実家があった筑波に向かっていた。つくば科学万博が開催されていたのだ。先輩の家に泊まり、3日間見て回った。特に見たかったのは富士通パビリオン。つくば科学万博は当時映像万博とも言われ、巨大映像、立体映像を展示する企業パビリオンがたくさんあった。富士通パビリオンの全天周立体映像はすばらしかった。3時間ぐらい並び、自動翻訳や巨大なだけのロボットを見せられた後の10分くらいの映像はすべてCGによるもので、ミクロの分子構造からマクロな銀河宇宙に展開するものだった。

　富士通のスーパーコンピューターとマイコンを256台つなげた並列コンピューターで描いたCGは当時で8億円くらいかかったという。部屋にドームはあるけど、これ作れないかなあ、と思った。お金も技術もないけれど。ひとつだけできそうな方式の見当を付けていた。高校時代に読んでいた科学朝日のメディ

アアートの連載をまとめた『遊びの博物誌』に、赤と青のフィルターをかけたスライドプロジェクターを２台並べて物体の影を作り、赤青のフィルターのメガネで見ると立体に見えるという記事が載っていた。

サンフランシスコの科学館で展示してあるそうだが、これを魚眼レンズにしてドームに映し出したら全天周立体映像になるのではないか？　でもピント合うのかな？　プロジェクターやレンズを２台ずつそろえるのはお金がかかりそうだ。なかなか実際には踏み切れない。この頃のブームは、岩崎賀都彰（かずあき）さんの精密スペースアート。地区の天文同好会がいくつか集まり天文研究発表会を毎年開催していたのだが、ヒゲキタはその時土星の輪の影が本体にどのように投影されるのかを模型を使って検証するというテーマで、模型を外に出し太陽の平行光線で照らして写真を撮るということをやっていた。

そしてその夜、銭湯に行くため大通りに出て街灯の影が重なって道路に映っているのを見てひらめいたのだ。風呂に行く前のユーレカ！　風呂には行かずに部屋に戻った。魚眼レンズはいらない。点光源が２つあればいいのだ。電球、色セロハン（プラネタリウムの青空や夕焼けを映すため）、土星の模型、つくば科学万博でもらった赤青メガネ、実験に必要なものはすべて部屋にそろっていた。

豆電球は投映用には暗すぎたが、ドームも小さかったのでなんとか見えた。巨大な土星の輪の下をくぐり抜けた。嬉しくなって何度も何度も繰り返した。こんなの見たことない。自分がやらないとどこもやってないのだ。自分がやるしかない。光源はもっと明るくしなければ。光源の間隔は人間の目の間隔でいい

のか？　光源を置く位置はスクリーンに近すぎるとゆがんでしまう。横方向は立体にならない。光源の方を動かしたらどうなるか？　いろいろ実験して９ボルトの強力懐中電灯の電球が、明るくフィラメントが小さいので良いことがわかった。

　実はサンフランシスコの科学館（たぶんエクスプロラトリアム）で展示されていた3D影絵には元ネタがあった。1920年代、アメリカの発明家で劇場興行主のハモンドが発明したもので、半透明スクリーンの後ろに２色のライトを配置しダンサーを踊らせ、メガネで見るという興行をやったらしい。ハモンドは直流同期モーターを発明し、それを使った電気楽器ハモンドオルガンで有名だが、機械式同期シャッターを座席に付けた立体映画劇場なども作っていて赤青メガネの立体映画も知っていたようだ。ヒゲキタのはこれをドームに応用したものということになる。

　CGの技法の１つにレイトレーシング法というのがある。実際には物体に反射した光が目に入って映像として見えるわけだが、CGの場合、目（仮想のカメラ）から光の光線が出てきて位置情報で定義された物体に当たる。その後ろにある仮想のスクリーンとその光線が交わる（当たる）時、その位置を計算しピクセルを光らせる。何回もの反射や透過を計算するので膨大な計算が必要で時間はかかるが、CGの品質はすばらしいという方法だ。

　これを反射や透過を無視して輪郭線の位置情報を描くとみれば、影と同じことだ。投影法というくらいだ。CGなら時間がかかることをアナログな影絵は一瞬で描画する。右左ずらした光源は右目映像と左目映像を重なった影として描き、メガネによって分離すれば、脳内で立体映像として再構成される。

翌年の研究発表会で発表したが、会場では見せることができないので、反響はなかった。その後日本アマチュア天文研究発表大会が地元で開催された時、車のヘッドライトの電球をバッテリーで光らせ平面のスクリーンで投映するということをやったが、白熱灯の熱でフィルターが燃えてしまった。熱の問題は大型化しようとすると付いて回ったが、最近になって青色LEDとLEDの高輝度化によって解決した。

出張プラネタリウムを始める

　部屋を何回か引っ越しして、少し広いところに移るとドームも少しずつ大型化した。直径2.5メートルのヒノキ棒と布の多面体ドーム。直径３メートルのヒノキ棒と不織布のフラードーム。プラネタリウム用ではないが、友達の家の庭に直径８メートルの合板製フラードームを建てたりした。
　アパートの部屋に3.5メートルの段ボールのフラードームだった頃、平成になった。それが最後の固定型ドームになった。結婚し、貸家に引っ越し、娘が生まれると、家にドームは作れなくなった。そこで空気圧で膨らませるエアードームというのがアメリカにあるということを知って、型紙を作り、シーツ布を切り、妻にミシンで縫ってもらった。直径３メートル。光は透過するので、夜しか投映できないものだった。
　昼間でも投映できるようにするには遮光性のシートで作ればいいはず。印刷会社にいる知り合いに聞いたら、印刷版を作るための写真フィルムの袋があって捨てているというので、もらってきた。袋を切り開くと80センチ四方くらいでフラードーム

の分割三角形が1つか2つ取れるので、これをつなぎ合わせて直径4メートルのドームを作り、ブルーシートを床にした。扇風機3台で膨らませる。公民館の観望会などで数回使ってみた。3D映像もやった。

　娘を保育所に預け、妻が魚市場で配達のアルバイトをするようになった頃、また会社を辞めることになった。前の会社はつくば万博を見に行った後に辞め、別の同業種の会社に移っていた。この会社には10年間いたのだが、また色々と煮詰まっていたらしい。しばらく職探ししていたが、社会に出てから写植しかやってこなかったので他の仕事をまったく知らない。その手動機写植の仕事は急速にコンピューターのフォントに置き換わっていた時代だった。失業保険が切れると、なにか働かなくてはいけないわけだが、失業中はぶらぶらと娘を送り迎えして、図書館に行ったり、そのへんの草やツルでカゴを作ったり、和紙を作ったりしていたので、いまさら会社に行って仕事するのもなんだか面倒になっていた。

　それなら、出張プラネタリウムを商売にしたらどうかなと妻に相談したら、月に10万円稼げば自分もバイトしてるのでなんとかなるだろうということで、1997年春から始めることにした。1、2年やってだめだったらあきらめて別な仕事に就こうというくらいの考えだった。

　この商売は開業費用がかからないのがよい。チラシを作ったり発送するだけだ。やっている人は自分ひとり。究極の隙間産業だ。最初は市の環境課のイベントや保育所などから始めた。といっても営業は月に数回だけだったので、他にカゴやランプシェードなどを作って知り合いに買ってもらったり、雑貨店に

おいてもらったり、学童クラブで工作を教えたりしていた。

「ヒゲキタ3D」ベイエリアに行く

　営業初年度のプラネタリウム入場者は3,500人くらい。地元だけなので、交通費なしの売り上げは60万円くらいだった。雑収入も合わせてやっと100万円くらい。超零細だがもう少し仕事が増えればなんとかこれで生きていけそうだった。

　6等星までの穴を開け、星の数を約6,000個に増やした。同時期に世に出た「メガスター」という数百万個の恒星を映し出すレンズ式高精度プラネタリウムがある。比較することさえおこがましいのだが、ヒゲキタのピンホール式投映機は投映恒星数は数千個なので、星の数は1,000分の1ということで「キロスター」と名付けた。黒いドームのキャラクターがアイコンで愛称は「キロちゃん」だ。

図17-1｜「3D☆プラネタリウム」へようこそ！　4メートルドームの中は意外と広くて、定員は大人25人、子ども30人くらい

図17-2｜ドーム型のキャラクター「キロちゃん」

　最初は科学館のプラネタリウムのイメージから、科学実験教室や天体観望会、理科授業などのサポートといった方向で考えていた。地元の大学の天文同好会の人が科学の先生になっていて、科学の祭典で見かけたので話を聞き、「青少年のための科学の祭典」に応募して何回か出展した。会場の科学技術館にはNHK教育放送のスタジオや実験名人・米村でんじろうさんのラボがあり、米村さんがホストの教育番組や、NHK-BSの番組に出演した。また全国大会なので実験名人の先生方も全国から来ていて、関西の科学サークルとの交流ができたり、地方の科学の祭典によばれたりした。

　学校の天文サークルの時の先輩などをたよって北海道に行ったり、長野、群馬、東京、神奈川、静岡の児童館などを回る中部一周ツアーをやったこともある。

　しかし、どうもヒゲキタのプラネタリウムはエンターテインメント系らしいことがわかってきた。季節の星座解説10分、3D影絵を5分くらいやるのだが、3Dのインパクトが強すぎて、ドームから出てくる時には3Dの恐竜が襲ってきたことしか憶えていないのだ。星座の勉強にはまったくならない。プラネタリウム部分はなくてもいいのではないか。

図17-3｜ドーム内を飛びかう3D影絵。飛び出す映像と盛り上がるヒゲキタのお話はぜひ実演で

　エンタメと宇宙、といえば長年読んできたSFだ。そうだ、SF大会に行って企画としてやってみようと思い、申し込んだ。SF大会は全国各地で持ち回り開催され、地元でも開催されていたのだが、それまでは遠くで見ているだけで参加したことはなかった。大阪大会はダイコン7（2008年）。4メートルのエアードームで1日だけ出展し暗黒星雲賞を受賞した。暗黒星雲賞というのは大会で一番インパクトのあったもの（良いもの悪いもの問わず）に投票し表彰するという遊びだ。SF大会には以後毎年のように行っていて、暗黒星雲賞は3回受賞している。

　Make: Tokyo Meeting（MTM）01は、SF作家の野尻抱介さんの掲示板で知った。野尻さんは「Make:」誌でも連載する、もの作りが大好きなSF作家で、MTM01ではニコニコ技術部有志として出展している。この日は最初、生協のイベントの仕事が入っていてあきらめていたのだが、中国製の餃子に農薬が入っていた事件があり、イベントが中止になったため、行ける

ことになった。その後、Maker Faire（MF）ベイエリア、MF東京、ニコテック（NT）京都・金沢、ニコニコ超会議、大垣・山口ミニMF、MF深圳などに出展している。そのためSF大会、MF、NT、どこに行っても野尻さんに会う。SFやメイカーコミュニティの人たちには大きな刺激をもらっている。

　SF大会もMTMも個人出展なので交通費宿泊費などは自腹であり、まったくの持ち出しだ。ヒゲキタの場合は機材が多いため、自分の軽四ワンボックスカーにすべて積んで高速道路で往復することになり、地方から出展するのは経費が高くかかる。仕事も土日のことが多いので仕事を入れずに儲からないイベントに出展するわけで差額は大きい。インフルエンザが流行して小学校の仕事が何件もキャンセルになったMTM04の時、カンパを募ってみたら結構入っていて助かった。以後SF大会やMTMでは投げ銭箱を置くようになった。超会議2015ではユーザー支援企画で出ていたのだが、規約で金銭授受は禁止ということで怒られてしまった。

　MTMで投げ銭箱に50セント硬貨が混ざっていた。さすがトウキョウだ。アメリカはチップの慣習がある。ということはMFベイエリアに出展すればチップがもらえるかも。ちょうど円高になっていてサンフランシスコなら行けそうだ。でも、4メートルのドームだとアメリカ人は身体が大きいので15人くらいしか入れないかもしれない。そこで軽い素材（農業用マルチシート）で面積2倍の直径5.6メートルのドームを作ることにした。申し込みしたのだが、英語が全然わからないので結局オライリー・ジャパンさんにすべてお願いした。

　しかし開催1か月前になって、難燃素材でないと屋内では

きないとの通知があり、頭まっ白になった。資材を探して作り直したのは1週間前。荷物持ちで高校生になった娘を連れていった。2人とも英語がまったくできないので入国や移動は大変だったが3D投映は好評で投げ銭も800ドルくらいあった。エディターズチョイスのブルーリボン賞を3本もらい（このMFでは最多）、Make:のファウンダー、ダハティさんも見てくれた。

　2013年、ニコニコプラネタリウム部というデジタルプラネタリウムサークルとの交流が始まり、ドームを貸したり、コラボ投映をしている。コラボは大垣ミニMFやNT金沢・京都、MF東京などで行われ、2015年の超会議ではヒゲキタ製作の直径10メートルエアードームでニコプラ部がボーカロイドドーム映像を投映した。中国のMF深圳でも10メートルドームでコラボしている。

僕はソロエンターテイナー

　軽四ワンボックスカーに機材を積んでどこにでも行く。夏休みと秋のイベントシーズンが多い。2014年の1月から12月までの1年間では、小学校、保育所など15か所。児童館、科学館など25か所。ショッピングセンター、公民館、お寺など15か所。MFT、NT、超会議など5か所。入場者数は1万4,000人くらい、プラネタリウムの売り上げは200万円くらい。あいかわらず超零細だ。もともと料金の値付けに関しては相場もわからずひとり100円くらいかなと適当に決めたのだが、もっと値上げしたほうがいいよ、という意見も聞いている。

他に工作教室の講師料や材料費、専門学校の非常勤講師、などの収入がある。友達の鉄工所でバイトもしていたが、これはお金のためというよりは、平日ごろごろしてるよりは、ぐらいの考えだった。家のローンも終わったし、娘の学校もあと２年、妻も正社員で働いているし、これ以上仕事は増やさなくてもいいかなとも思っている。SF小説が読めて、工作ができて、ビールが飲めれば他になにもいらないではないか。

　日本にはプラネタリウムメーカーが３つあり、科学館や児童館など全国にプラネタリウム施設ができている。出張プラネタリウムは日本では80年代になくなり、ヒゲキタが始めた時には誰もやっていなかったのだが、最近は科学館で移動プラネタリウムを導入するところが増え、個人で始めるところも増えてきた。これはデジタル機器とソフトの進歩が大きいのだろう。

　山梨県のウィルシステムさんは、投映機は自作フィルムピンホール式、ドームは既製品。横浜モバイルプラネタリウムさんは、投映機は大平技研のメガスターゼロ、ドームは既製品。東京モバイルさんは、投映機は魚眼デジタルプロジェクター、ドームは既製品。ヒゲキタは、投映機は自作ピンホール式、ドームも自作。ドームに既製品を使うのはシワなど投映品質に影響するからだ。特にデジタル投映機の場合に影響が大きいが、ピンホール式と3D影絵の場合シワはあまり影響がない。

　今年（2015年）に入ってなんとヒゲキタと同じ市内で移動プラネタリウムを始めた人も現れた。東京モバイルプラネタリウム系でネットワークしてイベントが重なったりする時は融通できるらしい。彼らは皆、科学館などでプラネタリウム解説をしていた方ばかり。棲み分けはできそうだが、ライバルは多くなっ

てきた。

　ヒゲキタはお金がなくて手作りのゴミ袋みたいなドーム。鍋に穴をあけた投映機で6等星までの色の付いていない星空を映し出す。手作り3D映像も言ってみればただの影絵。どう考えても負けているのだが、たぶん方向性が違う。モバイルプラネタリウムの方は天文教育や啓蒙といった教育的使い方なのだろう。ヒゲキタはステージから楽器まで作って歌うシンガーソングライターのようなもの。エンターテインメント（大道芸人）でいいのだと思う。ディズニーより凄いと豪語する手作り3D映像、ヒゲキタがやらなければ誰がやるのだ。

PROFILE ◎ ヒゲキタ（北村満）は石川県金沢市で生活しながら、工房ヒゲキタ（http://www6.nsk.ne.jp/~higekita/）で手作りプラネタリウムと手作り3D映像の全国出張投映、工作教室の出張指導を行っている。1997年から始めた出張投映は、18年間で総入場者数19万人を超えた。「どこにでも行く」がモットーのヒゲキタの行き先は、理科授業、保育園・小学校バザー、親子活動、児童館、科学イベント、天体観望会、SF大会、住宅・自動車展示会、お寺、クリスマス会、福祉・エコイベント、夏祭りなどいろいろ（特に夏場は大忙し！）。

18 七転び八起き妄想工作所
乙幡啓子

妄想工作家の初商品化作品は、ほっけの開きがペンケースになった「ほっケース」だ。なぜほっけ？ なぜペンケース？ この「なぜ？」が尽きないところに乙幡ワールドの面白さがある。

　一応ライターをしております、乙幡と申します。「一応」と申したのは、ウェブ読み物サイト「デイリーポータルＺ」にて、実に自由に気ままに書かせていただいているからです。その書かせていただいている内容の大半がここ数年工作記事になっており、今や「工作家」などと称されるようになってしまいました。最初のきっかけは「六本木ヒルズをトタンで作る」というよくわからない記事だったように記憶しています。当時最先端のスポット、しかしそこにホイホイと足を運べないコンプレックスを、トタンという、庶民的なイメージでもって中和したというような内容でしたが、そんなトンチキな工作記事を編集長・林雄司氏が褒めてくださり、以降同様の記事を増やしていったのでした。

　それからは、実に様々な材料、方法に手を出しては小さい火傷・大きい火傷をしてきました。透明なレジン（キャスト）でいろんなものを透明なオブジェにするときには、自宅で一気に大量のレジンを混合し、あまりの発熱に大いにたじろいだり。

FRP（繊維強化プラスチック）に手を出したときには、ガラス繊維を自宅の床の上でバリバリ裁断し、後々識者からおののかれたりしました（ガラス繊維は微細なので鼻や喉から入ると非常に危険なため）。

　手先は不器用でなく、手作業も苦にはならなかったため、工作は好きでやっていたのですが、もともと美術系の学校出身だったというわけでもなく、専門的に美術製作に時間を費やしたこともないので、とにかく全てにおいて初心者のスタンスでした。それが上記のような過程を踏むことになったわけですが、反面、怖いもの知らずでいろいろな分野を試すこととなり、今に生かされているのではと思っています（でも恥はなるべく若いうちにかきたいものです……）。

　また、物を作るということは、例えば工業製品にしても、その物をそう設計するに至った過程にも考えを及ばせるきっかけにもなるので、そういう意味でも「工作」を続けてきて良かったなと思います。

　さて、現在「工作系ライター」の仕事とともに活動の幅を広げているのが「雑貨企画・製作」方面です。きっかけは５年ほど前、あるグループ展に出展する際、グッズを作ろうと思い立ち、その頃記事で発表して評判の良かった「ほっケース」を量産したことでした。

　「ほっケース」とは、ほっけの形をしたペンケース状のものです。そのままですね。普段居酒屋のメニュー等で「ほっけの開き」を見かけますが、それが生きている様（開かれてない状態）を見たことがなかったので、閉じて再現するにはどうしたらいいかと思い、写真を撮って布に転写し、その開閉具合からペン

図18-1｜和皿に盛りつけられた「ほっケース」。ファスナーを閉じれば開きが生前に戻る。しかもペンが入って役立つ

ケースを作ることを思い立ち、完成させたのです。

　さあ初めての量産です。とりあえず50個作りました。量産に際しては、物作りの先輩に相談し、蔵前にある知り合いのデザイン会社を紹介してもらいました。元の写真に裁断線を付したデータを改めて作って送り、そのデザイン会社でインクジェットシートに印刷してから布にアイロンで貼り付けてもらいます。色合いや大きさなどはサンプルを作って何度か調整し、縫製はその会社から内職に出してやってもらいました。評判も良くあっという間に完売し、雑貨業界の展示会にも出したところ、その後は取扱い店舗も増え、100個単位での受注につながりました。そこでもう少し原価を下げられればと、ネットで縫製会社をいくつか探して相見積もりを取り、最終的に大阪の縫製工場にて仕上げてもらうようになりました。その後は、取扱い店からの意見を取り入れて種類を増やし、今は5種類の魚で展開しています。

物を作って売ることに味をしめ、惑星バッジ付きで自分で配置を変えて楽しめる太陽系バッグなど、次々に企画し工場に作ってもらうということを繰り返すようになります。バッグなら、もともと無地で売っているバッグに印刷をしてもらい、バッジはバッジ製作会社に依頼し、セットで売る。ラベルも、イラストレーターで自分でデザインし、プリント会社にデータを送って印刷してもらったり、自宅で出力したり。そのうち、刺繍ブローチを一から知り合いの縫製会社に依頼したり、ネットで見つけたアクリル加工会社にアクリルブローチを依頼したり、ソフビ（ソフトビニール。怪獣などの人形でおなじみ）のマスコットを考え付けば、ソフビに詳しい知り合いに、都内でも数少なくなっているソフビ製作会社との橋渡しをお願いしたり。こうやってさらさら書くと、楽しいことばかりのように見えてくるかもしれませんが、実はどの製品も、それぞれに大変なジレンマなど抱えているのでした。物を作って売っていくのは考えていた

図18-2｜自分で惑星をレイアウトする「太陽系バッグ」。宇宙の法則からスピンアウト、自由に配置するのが楽しい

ほど楽じゃなかったのです。

　まずは手間。思いついた面白い雑貨をどう製品化するかを考えるとき、そのときはモチベーションも高く、発注までの流れを組み立てるのは割と楽しい作業です。しかし、なにぶんライターその他のことをしながら実質一人で全てやっているため、売るための梱包・JANコード貼り・発送などの手間が後からどんどんのしかかってきます。例えば上記の惑星バッジ付きのバッグですが、バッグとバッジは別の会社に頼んでいるので、自宅に納品されてくると袋詰め・ラベル貼りは自分でせねばなりません。展示会に出して一気に受注が増えたときは、自分が今何をしているのかもわからなくなるくらい、毎日目が回っていました。これでは新商品のアイデアなど出る余裕もありません。人を雇えばいいのでしょうが、そこまで費用もかけられず……。これは引き続き今後の課題です。

　次には、価格。工場への発注はほぼ最低ラインの100個単位（数十個もしばしば）で少量生産をしているため、どうしても製作原価が高くなってしまいます。何万個も発注できる会社とは数倍の差になるときも。そうなると、どうしても販売価格を当初想定よりも高くしなければならず、そうなると「これ、この値段じゃ買わないよね……」というものも出てきます。ちなみに、理想は原価率20〜30％を目指しています。100個作ったものがその月に全て売れるとは限らないため余裕が必要なのと、パッケージや梱包材その他諸経費でどうしてもそれくらい必要になってきます。雑貨販売をする前は、原価率ってなんでそんなに低いんだろうと思っていましたが、そのうち実感してくるわけです。最初のうちはなかなか価格を高く（つまり自分に無

理のない原価率で）設定する勇気がなく、ちょっと低めに設定しがちでした。商品価格を途中で引き上げるということは、対外的に非常に困難なので、少々後悔しています（仕方ないところではあると思いますが）。これも、今後の課題です。

　お金の課題ばかり書いていると、だんだん現実的な暗い気持ちになってしまうので、これくらいにしましょうか。自分で作って売るということは、どれくらいの規模でやっていくか、だいたいでもいいので指標を持っていたほうがいいのかもしれません。作って売るのはとても地道な努力が必要ですが、少しは楽をしたい。最近は、どんどんアイデアを他社に出していって、総収入のうち企画費（ロイヤリティなど）を多くしていきたいと考えています。それを、自社製品の開発に充てられたらなあと夢見ている次第でございます。

　さて、そんな中でも幸い「ほっケース」を初めとして、自分の作品が世の中に知られるようになってきました（余談ですが最近ある雑貨店主催の「雑貨大賞」というありがたい賞をいただいてしまいました。そのうち受賞作品が商品化される、かも？）。まがりなりにも、ここ4〜5年はこういう活動を続けてこられました。そんな中で、作品を売るために心がけてきたこと、気付いたことをつらつら書いてみたいと思います。

　まず「ほっケース」の例ですが、ネーミングは重要なんだなと実感しています。ある大きな雑貨販売フェスに出たとき、ブースにほっケースが並んでいるのを見た人々が、買いはしないまでも、通り過ぎるときに口々に「ほっケースだって、ほっケース」と呼んでくれました。ついつい言いたくなったのでしょうか。それと少々ダジャレも入っていますし。多少ベタでも、こ

うやって広まったり覚えてもらったりするのは大切かもなと実感し、なるべくそういうネーミングを考えるようにしています。

　そして、新商品を出すときは２つ以上のバリエーションを持たせるように意識しています。１つだけだと通り過ぎるような作品も、２つ３つあると「選ぶ楽しさ」を体感してもらえて、その楽しさ自体が購買の後押しをしてくれると思うのです。

　惑星バッジ付きバッグが地道に売れているのですが、これは「参加する楽しさ」を少しばかり提供できているからかと思います。完成された「オレの世界！」というものは、余程の企画力や演出、個性がないと売れ難いかもしれませんが、そこに「お客様が手を加える余地」、カスタマイズの余地を残すと、広がりができて話題にもなるのではないでしょうか。SNS時代だからこそ、そこには常にアンテナを伸ばしていたいと思っています。

　あとはやはりパッケージでしょうか。これは大いに今も課題のひとつですが、中身を最大限に魅力的に見せるにはやはりパッケージの力も重要だと、今更ながら実感しているところです。そこにもお金をかけたいものです。

　また、新商品を考える際、高くても買ってもらえそうなカテゴリーを狙う、とか。例えば文房具ひとつに何千円もかける人は少ないですが、アクセサリーなら何千円でも何個でも買う人は多いですよね。または、カテゴリー関係なく、高くても「世界中でここにしかないもの」を生み出す（ってそれができればとっくに問題解決だ）。自分はデザインというよりネタでの勝負なので、カテゴリーもそうですが、ちょっとしたヒネリを加えつつ、広く受けるようなものを常に考えていきたいと願って

います。

　あと、そこに関連して、課題としてもうひとつ。今までは何も細かいことを考えず、自分の好きなように楽しく企画して作っていましたが、中には世間からの反応が薄い品もたくさんありました。他企業にアイデアを出す仕事を通して、今更ながらわかったのですが、そういう企業は商品企画の段階で営業担当が取引先を回り、買ってもらえそうなものかどうかジャッジするわけです（当然ですね）。自分にはそういう観点がすっぽり抜けていました。そりゃリスキーなはずです。お世話になっている店舗などに接する機会を増やして、意見を汲み取ることもしなければと思います。ただし意見を聞き過ぎてもいけないのかも、と思ったり。やはり「ちょっとヘン」なもの、を私に期待する方が多いので、バランスは大事にしたいですね。売れるのは結局、皆がパッと見てすぐ理解してもらえるもの、それに尽きると思っています。そこに、マニアックな味付けを少し加えて独自性を出せれば、一番愉快ですね。

　最後に、ここまで読んでこられて、やはり自分の作品を販売する夢をお持ちの皆様へ、アドバイスなどというのもおこがましいのですが。物を売って一生生活の不安もなく終えることはとても幸せであり、かつ難しいと今は実感しています。が、ひとりよがりにならず、しかし他の人と違う販路や見せ方を考えていくと、自分の道が開けることがあるかと思います。私はあまり大勢の人がいるところに行きたくない性分で（そのため損をしてばかりという面もありますが）、なるべく自分が目立てるところに行きたいと思っています。いいアイデアがあったら、

それが集まる場所、埋もれてしまいかねない場所、ではなく、どこか別の次元に活路を見出すというやり方もアリだと思います。と、ここまで書いてきて今改めてそう思えてきました。ともに、世の中を面白く渡っていけるよう、がんばっていきましょう！

PROFILE◎妄想工作家でライターの乙幡啓子は、このほど第2回「雑貨大賞」（ヴィレッジヴァンガード主催）を受賞した。しかも「湖面から突き出た足」製氷器で大賞、「餃子リバーシ」であそび雑貨部門賞のダブル受賞。なぜ映画『犬神家の一族』の湖の水死体シーンが、コップの中の氷で再現されているのか。なぜリバーシの黒白コマが、ギョーザでなくてはならないのか。見る人を「は？」と立ち止まらせ、「なぜ？」と思わせて、「フフッ」と含み笑いさせるこの作品世界。もっと味わうには妄想工作所（http://mousou-kousaku.com/）まで。新作や出展イベント、「デイリーポータルZ」（http://portal.nifty.com/）の連載や、『乙幡脳大博覧会』（アールズ出版）、『笑う、消しゴムはんこ。』（世界文化社）、『妄想工作』（世界文化社）等の著書情報も要チェック。

19 INTERVIEW
山田斉（工房Emerge＋）

山田斉さんがひとりで切り盛りする工房Emerge＋は、個人向けに特化したレーザー加工サービスを行う。スモールビジネスで起業以来の4年半を乗り切った山田さんは、次の一手を狙っているようだ。

Make: ｜工房Emerge＋はアクリルやMDFのレーザー加工サービスを行うほか、ArduinoやRaspberry Piの美しいアクリルケースなど、メイカーの心に刺さるグッズも販売しています。サービスを始めたのはいつなのでしょうか。

山田 ｜2011年の6月です。個人向けに、アクリルをカットするといったレーザー加工の受託から始めました。その後ArduinoやRaspberry Pi用などのアクリルケースの販売も始めて現在に至ります。また業績は、1年ごとに倍々で伸びています。レーザー加工サービスとケース類の販売の比率は半々ですね。

Make: ｜ここまで順調に業績を伸ばすことができた理由はなんだと思いますか。

山田 ｜個人向けのサービスはうちがほぼ初めてだということが大きいでしょう。大きな工場を構えているところは1,000円単位の小さな仕事では儲けにならず、受けてくれないことが多いですから。うちは基本的に自分ひとりでやっていて、人件費がかかりません。機械も固定資産分を回収してしまえばあとは電

気代だけですみます。材料費はお客さん持ちですから、加工費でなんとかやっていけています。いろいろなコストがかかっていないので粗利が大きいんです。会社規模ではやりづらい仕事でしょうね。

Make: | オフィスは普通の住宅の一室なんですね。

山田 | 本当に単なる6畳の部屋ですね。レーザーカッターとパソコンを作業台に置いて、この一角だけでやっています。

Make: | 使っている機材を教えてください。

山田 | trotecの「Rayjet」というレーザーカッターです。価格は1,500ccの乗用車1台分くらいですね。レーザー出力は30Wで、アクリルや木材のカットのほか、ガラスや石への刻印ができます。アクリル板の仕入れは専門の業者から行い、MDFはホームセンターで買うことが多いですね。また、集塵脱臭装置も入れています。なにしろにおいがすごく出ますから。レーザーカッターを入れた当初は稼働率も低く、排気はブロワーで外へ

図19-1 | 既視感を覚えるような、ごくありふれた6畳間。そこにRayjetと集塵脱臭装置

そのまま出していました。ところが仕事が増えてきて稼働率が上がってきたある日、外へ出たらにおいがひどいんですよ。うちは普通の住宅街にあって、両隣には小さいお子さんもいます。これは悪いなと思って、このようなちゃんとした集塵脱臭装置を入れました。

Make: | どんな方からのどんな依頼が多いのでしょうか。

山田 | 趣味で電子工作をするような、メイカーの方からの依頼が多いですね。ほかには芸術系の学生さんから、卒業制作のための依頼もあります。レーザー彫刻の業者でよく見るような、はんこや表札の依頼はほとんどありませんね。レーザーカットされた素材でなにを作るかはこちらではわからないんですよ。もらった図面の通りに切って返してしまうので、完成品を見られないんです。箱になるんだろうなということくらいはわかるのですが、なんの箱になるかはわかりません。なにを作っているのかこちらも知りたいですし、「こういうことに使われています」と宣伝もしたいです。SNSの知り合いが「こういうものを作ったよ」と教えてくれることもありますが、そういう方は少ないですからね。レーザー加工でどんなものができるのか、ウェブサイトを見に来た人が具体的なイメージをつかめるようにしたいです。

Make: | 「完成品の写真を送ってください」とウェブサイトに載せておくとか、受注時にアンケートでなにに使うものか書いていただくといいかもしれませんね。

山田 | いいですね。考えてみます。

Make: | 困ったお客さんはいたりしますか。送られてきたデータがよくないとか。

山田｜うちはお客さんに恵まれていて、クレーマー的なお客さんというのはほとんどいませんね。来たデータがダメなのはいつもです。ウェブサイトにガイドラインを掲載していますが、実寸のベクターデータでなければいけないところをビットマップで送られてきたりというのはしょっちゅうです。きちんとしたデータでも、いただいたデータをすぐにそのまま加工してしまうことはありません。「ここはもう少し離したほうがいいですよ」とか「ここは折れてしまうかも」とか、アドバイスをしてデータを修正してもらいながら進めていきます。みなさんきちんと修正してくださって、なんとか加工まで持っていっています。お客さんの側はちゃんとしたものを作りたいわけで、使えないものをカットされてもしかたがありません。お客さんが欲しいのはどういうものなのかをきちんと引き出した上で加工しています。

　実は今年（2015年）の春以降、個人のお客さんが急に減ったんですよ。過去に受注が多いときは1日10件という時期もありましたが、今は週に数件ほどしかありません。秋葉原にDMM.makeのシェアスペース[*1]ができたり、いろいろなファブスペースが増えてきたからかもしれません。しかしそういうところを利用する場合、加工に失敗するリスクは利用者が負うことになります。材料をダメにしたらまた自分で買わなければなりません。うちは加工に失敗するリスクをこちらで持ちますから、お客さんのところにはうまく加工できたものしか届かない。そこを理解していただいている方がリピートしてくださっていると思います。そういうお客さんが離れずにいてくれる間は続けられるでしょう。

図19-2｜レーザーカットしたアクリル板でできているArduinoケース。2つのモードで柔軟な試作が可能なことなど、メイカーならではの工夫が盛り込まれている。価格は864円（税込）

Make:｜オリジナルのケースをいろいろ出しています。これを始めたきっかけを教えてください。

山田｜最初はArduinoのケースですね。理由は単純で、Arduinoのケースがなかったから作りました。Arduinoはたくさん売れているけれど、ケースがないのでみんな裸で使っているんだなと思いました。自分は裸では使いたくない、しかしArduinoは形状が特殊で、箱に入れることをまったく考えていないデザインです。だからケースが出ないんだな、じゃあ作れば売れるかなと思って作り始めたわけです。アクリルのケースは、100円ショップのタッパーに穴を開けたり3Dプリンタで作るよりは見た目のきれいさ、透明感がありますし、中の基板もよく見えます。うちのケースは機能だけでなく、見た目もかっこいいほうがよいという方に評価されているのではないでしょうか。Arduinoの次に作ったのがRaspberry Piのケースです。

今売れているのはIchigojam（イチゴジャム）[*2]のケースですね。

　iPadのRetina液晶を外付けディスプレイにするエンクロージャは去年100個以上売れました。つくば科学[*3]さんがレーザーカット用データを公開していて、加工サービスとしてうちをリンクしていただいていたので同じ注文がいくつも来るんです。こちらから連絡して、うちで作って売るからとライセンス契約をさせてもらいました。この外付けディスプレイは自分でも使っていて、とてもいいですよ。

Make: │独立するまではどんな仕事をしていたのですか。

山田│機械設計の仕事をしたあと、セイコーインスツル[*4]にファームウェアのエンジニアとして10年以上勤めていました。退職後は縁があってスイッチサイエンス[*5]に半年ほど勤務していました。レーザー加工のサービスを始めたのは、スイッチサイエンスの退職から半年後ですね。

Make: │そのときからレーザー加工を、と考えていたのでしょうか。

山田│セイコーインスツルを辞めた当初は基板の製作を考えていました。レーザーカッターを知ったのはスイッチサイエンスに入ってからです。スイッチサイエンスを辞めるときにはレーザー加工をやろうと決めていました。Makerbotの最初の3Dプリンター、CupCake CNCをスイッチサイエンスで入れて組み立てたことがあります。CupCake CNCの筐体はMDFをレーザーカッターで切り出したものでした。レーザーで木を切って工作機械の外装にするというのはインパクトがありましたね。

　スイッチサイエンスでの勤務を通してほかにも情報が入ってくるようになって、Make: Tokyo Meetingでもいろいろ見てい

るうちにレーザーもいいなと思い始めました。

　レーザーカッターはきれいに切れますが持っている人はあまりいません。自分でもアクリルでケースを作るのでこれはいいなと。ケースをきれいに作りたい需要があると思うんですよ。しかし、自分で切るのは限界があります。レーザーできれいに切れてそこそこ安くできるなら自分でもうれしい。そういうサービスはほかにないし、レーザーカッターを知っている人も少ない。これで当面はいけるだろうということです。ホームセンターでは買った木材をカットしてくれます。あれと同じことを個人のお客さんをターゲットに行うサービスを考えました。いただいた図面の通りにカットしてお返しするものです。Ponoko[*6]というレーザー加工のサービスが海外にありますよね。ウェブで図面を送信して注文するとカットされて送られてくるしくみで、非常にシステマチックですばらしいサービスです。これはイケてるなと思い、和製Ponokoのようなサービスをイメージしました。

Make: ｜独立すると決めたときのご家族の反応はいかがでしたか。

山田 ｜もともと夫婦で同じ会社に勤めていまして、独立したときふたりの子供は保育園でした。嫁さんがいい顔をしなかったのは事実です。サラリーマンを辞めて自営で稼ぐという考え方になじみがなく、「本当にお金になるの？」というような受け止め方だったようです。ただ結婚前から「いつかは独立したい」と言ってきましたし、しょうがないなと考えてくれたのではないかと思います。うちは父も自営業でしたから、その影響も大きいでしょう。父はプラスチックを再生加工する小さな商社を

経営していました。プラモデルのランナーのようなプラスチックのスクラップを集めてきて破砕し、色をつけてペレットに戻す事業です。父の兄弟もプラスチック加工の工場を持っていて、小さいころからプラスチックの加工機などは見慣れていました。祖父はセルロイドのキューピー人形を日本で初めて作ったらしいです。自分の仕事も結果的にはプラスチックに関係しているのが面白いですね。

Make: | レーザー加工のサービスを始めたころはどんな状況だったのでしょうか。

山田 | レーザーカッターは退職金で一括で買いました。もうドキドキでしたね。宣伝もあまりしていませんし、最初はひと月に1、2件しか注文がなく、そのうちひとつは数千円にしかならないような状態でした。退職金を取り崩す生活でしたが、していることは自分では面白いと思っていたので、いずれはもう少しよくなるだろうと楽観的に進めていました。前職のつながりでスイッチサイエンスがうちの商品を仕入れてくれたり、共立電子産業[*7]さんとも関係ができたりしました。個人でもスイッチサイエンス時代に交流があった方がブログに書いてくださったりして、少しずつ口コミで知られていったと感じます。ほかにMaker Faire Tokyoに出展していると「こういうサービスがあるのか」と声をかけていただきます。実物を見て具体的なイメージがわくのでしょう、そこから問い合わせが来たりもしました。本当にお客さんには恵まれていますね。

Make: | 今後もレーザーカットサービスやケース類の販売を続けていくのでしょうか。

山田 | レーザー加工のサービスは今、弟に手伝ってもらってい

ます。基板作りをやりたいんですよ。学生時代からバイクが好きで、バイク用のちゃんとした商品、プロダクトを作りたい。それを開発する時間がほしいんです。詳しくはまだお話しできませんが、今年の春から設計を始めています。まずは単なる基板をキットとして売り始めると思うのですが、それをベースに次は外装があってきちんと包装されているようなものまで持っていきたいと思っています。最終的には小さいスタートアップメーカーを作りたいです。人のつながりは徐々にできてきているので、そういうところとも相談しながら会社を作れるかなあ、というところまで来ています。今の工房Emerge＋を法人化するか、どういう形になるかはわかりませんが。

ただ今までひとりでやってきて人の集め方、巻き込み方を知らないものですから、どうやったらいいのかが悩みどころです。今はひとりだけ、30代のエンジニアに図面の検図などで手伝ってもらっています。彼もバイクが好きなので話が合います。あとはどうビジネスに持っていくかですね。長く続けられる人とつながりたいのでなかなかいい人が見つからない。希望が高すぎるのかもしれませんが。とにかくゴーイングコンサーン、継続する企業でなければならないと思っています。立ち上げてひとつ作って終わりでは企業として意味がなくて、ずっと続く企業をやりたいですね。

このプロダクトがイケそうだということになったとき、お金を出してくれる人はいると思うんですよ。でもお金だけのつながりだと「こういうものを作りたい」という情熱が伝わらなければうまく回らないと思っています。特に立ち上げの勢いが必要なときは、これから作るものを好きな人がやらないと。たと

えばもっと売れるように、こういう機能を追加してとかこの機能は省略してとなると、自分が作りたいものとずれてきてしまうかもしれません。試作品を見て「一緒に作りたい」という方がいらしたらいいのですが。

　いずれにしてもモノを見せなければ始まりませんから、そこが今の一番の課題ですね。来年の春までには試作に入りたいと思っています。

- *1　https://akiba.dmm-make.com/
- *2　BASIC言語でプログラミングができるパソコン。1,500円のキットと2,000円の完成版がある。http://ichigojam.net/
- *3　http://www.tsukuba-kagaku.co.jp/
- *4　http://www.sii.co.jp/jp/
- *5　https://www.switch-science.com/
- *6　https://www.ponoko.com/
- *7　http://www.kyohritsu.com/

PROFILE◎山田斉は、いくつかの会社を経て工房Emerge＋（http://www.emergeplus.jp/）を立ち上げ、デジタルファブリケーションがブームになる前から多くのメイカーの作品作りをサポートしてきた。レーザー加工を請け負う仕事は「個人向け」に特化したことで、軌道に乗せることができたようだ。レーザー加工技術を応用して開発した、ArduinoやRaspberry PiやIchigojamのオリジナルケースもよく売れている。他にはないサービスや商品をニッチなユーザーに向けて届ける山田のやり方は、自分が好きなことと自分が作りたい（やりたい）ことの重なり合うところから出発する。だから次のプロダクトは、レーザー加工とはまったく関係のない（ちょっとだけ関係あるかも）のバイクもの！

20 作るを作る
テクノ手芸部

フェルトのふわふわウサギの目が愛らしく「ピカー」。テクノ手芸部の作品は、小さなテーブルで披露された時から人だかりができた。その彼らが会社を設立！　この知らせがクラフト系メイカーをいい意味で刺激している現在だ。

　こんにちは、テクノ手芸部です。
　わたしたちは、ハイテクなものと手芸をミックスし、かっこよくてかわいいものを作る新しいクラフト「テクノ手芸」を広めるべく日々活動しているアートユニットです。
　さて、これからテクノ手芸部を始めたきっかけや活動についてお話ししたいと思います。また、テクノ手芸部は活動6年目の2014年に法人化して、オブシープという会社ができました。会社としての活動についても紹介していきます。

1. テクノ手芸部のなりたち

　テクノ手芸部は、2008年の秋に結成しました。メンバーはかすやきょうことよしだともふみのふたりです。まずは結成に至るいきさつを振り返ってみることにします。
　わたしたちは大学の同じ研究室のメンバーでした。理系の大

学(情報工学系の学科)でしたが、インタラクティブ技術のアートやエンターテインメントへの応用を研究テーマのひとつとして掲げている研究室だったので、テクノロジーと表現の関係を考え続ける日々を過ごしていました。最新のテクノロジーを応用した先鋭的な表現はふたりとも大好きで、とても大きな可能性を感じていましたが、一方でその表現の肝になる部分が専門知識を持たない一般の人には伝わりにくいことも気になっていました。また、先鋭的すぎる表現が、ある種の人たち(たとえばうちの母親のようなタイプ)を敬遠させてしまうこともあって、もったいないなとも思っていました。

そこで、テクノロジーを応用しつつも、見る人を選ばない表現のかたちを探ることにしました。最新の技術に触れながら、老若男女がその技術を楽しめるようにするには、技術を手の届かないものではなく身近に感じてもらえるような仕組みが必要です。ハイテクと組み合わせた時に意外性があり、さらに誰にとっても身近に思ってもらえるものはいろいろありそうでした。たとえば、ガーデニング、料理、手芸、などなど。わたしたちは以前からちょっとやってみたかった手芸をハイテクと組み合わせてみることにしました。

ちょうどその頃(2008年頃)、オライリー社主催のメイカーイベントが世界各地で注目され始め、日本でもMake: Tokyo Meeting 02が多摩美術大学で催されました。そこでは糸と針で縫って回路を作ることができる導電性を持った糸や、ギーク的なモチーフをファッションに応用した作品などを見ることができました。世界的に見てもファッションとテクノロジーの関係が見直され、さまざまな試みが表面化するタイミングでした(次

の年、2009年にはLilyPad[*1]の開発者であるリア・ビクリー氏がMITメディアラボで研究室を開室します)。

　ハイテクと手芸の組み合わせはムーブメントになりうるのでは、という予感を得て、わたしたちは始動することにしました。大切なのは、単発の作品を作るだけではなく、ハイテクをハイテクではないものと組み合わせる新しいクラフト、というコンセプトを広める"プロジェクトとして"取り組むことにしたことです。

　このプロジェクトで、まずわたしたちが作った作品は「テクノ手芸」という言葉です。電子デバイスなどのハイテクなものとファッションを組み合わせるコンセプトの研究や作品はそれまでもありましたが、それらのコンセプトを指す言葉が統一されていないために、知識が集約されにくかったり、コミュニティが生まれにくい状況でした。ものづくりに限らず、コミュニティができ、それがムーブメントになるためには、コンセプトを言い切る適切な言葉が必要です。ハイテクと手芸というふたつの異なる領域を組み合わせること、誰でも身近に感じてもらえること、これらのコンセプトを度重なる話し合いの末に「テクノ手芸」と名付け、わたしたち「テクノ手芸部」の活動が始まりました。

2. テクノ手芸部の広がり

　テクノ手芸部という名前のユニットとして活動を始めたわたしたちは、早速活動の指針を考えました。

［テクノ手芸部の活動指針］
- ウェブサイトなどを通じてテクノ手芸の方法をシェアする
- ワークショップや展示会で体験の場を作る
- 作りたい欲を刺激する作品づくり

　誰でもが、テクノ手芸のように分野を超えたものづくりを楽しめる未来のために、『作るを作る』ことが私たちのミッションとなったのでした。

　テクノ手芸のことをみんなに知ってもらうために、ブログを開設しました。ロゴマークも必要でしたので、緑色のネコの目が赤く光るロゴ「テク猫」をフェルトと導電糸で作りました（緑色は電子基板の色です）。テクノ手芸の概念を直感的に感じ取ってもらえる、可愛くてとっつきやすいロゴになったと思っています。

　ブログを開設した2週間後に、「Make:」誌の日本版の編集

図20-1｜布フェルト製のロゴマーク。ロゴだから、彼らの名刺にももちろんこれが印刷されている

部から活動について話を聞きたいと連絡を受けました。これは、テクノ手芸部の活動が初めて体験する外部の反応でした。作品展やワークショップなどはまだ行っていませんでしたが、テクノ手芸部という名前のわかりやすさも良く作用したのではないかと思っています。

　テクノ手芸部を始めると、テクノ分野とファッション分野の両分野をはじめとして、いままで関わりのなかった人たちから話しかけていただけるようになり、すこし視野が広がり始めました。また、いままで交じり合わなかった領域の人たちが私たちを通して親しくなり、新しい作品制作などの活動に活かされる、なんてことも起こり始めました。

　作品も作っていきました。電子工作の硬質なイメージと手芸の持つ手触りや温もりをミックスするために羊毛フェルトで作った目の光る動物の作品などは、展示会でも（すぐ触られるという意味で）大変好評でした。

図20-2｜光る動物シリーズ「光るイクラのシャケ」。お腹のイクラ（グルーガンのスティックを溶かして着色、LEDを包んだもの）が24個もピカー

ワークショップも、これまでさまざまな場所で数多く開催しています。未来の図工教育のあり方を探る研究グループが主催して開催された「∞（無限大）のこどもたち」展（2009年、日本科学未来館）で行ったテクノ手芸のワークショップでは、参加者募集に対して子ども・大人、女性・男性がバランスよく応募、参加してくれました。通常、手芸のワークショップだと女の子ばかりが集まり、電子工作のワークショップだと男の子ばかりが集まる傾向があるということですが、そうしたものづくりへの興味のかたよりを「テクノ手芸」という名前によって解決できているという評価もいただき、プロジェクトの名前の大切さを実感しました。

　また、「テクノ手芸」という言葉を使って作品を作ってくれる作家さんや、高校や大学などで独自にテクノ手芸部の活動を始める人たちがあらわれたことも（Twitterなどでエゴサーチします）、テクノ手芸部がプロジェクトとして成長していることを感じました。

　活動は、2010年に書籍『テクノ手芸』としてまとめられました。

図20-3｜『テクノ手芸』（テクノ手芸部著／ワークスコーポレーション／2010年）

図20-4｜マイナビムック「羊毛フェルトでふわピカ動物をつくろう」（テクノ手芸部監修／マイナビ／2012年）

テクノ手芸の考え方や、作品の作り方を細かく解説する本で、手芸のガイドブックのようにビジュアルで手順を追って作り方を解説しています。わたしたちの作品だけでなく、ほかの作家さんが作ったテクノ手芸作品も紹介しました。

2012年には、ふろく付きのムック本「羊毛フェルトでふわピカ動物をつくろう」を監修しました。

2012年には、東京都現代美術館「ブルームバーグ・パヴィリオン・プロジェクト」の一環で1か月に及ぶパヴィリオン展示を行うなど、いわゆるメイカー周辺の人以外への露出が増えていきました。そうした中、企業PRのお手伝いや、工作記事の執筆、学校でのレクチャーなど、テクノ手芸に関わるお仕事が舞い込むようになりました。

3. 会社の立ち上げ

2014年5月、テクノ手芸部の2名が中心となり、株式会社オブシープを立ち上げました。

ハイテクと手芸を組み合わせてきたテクノ手芸部と同様に、テクノロジーを身近に感じてもらえるような施策づくりを軸にした会社です。テクノ手芸部がプロジェクトとして活動してきたことに加え、より広く機会を作ったり、ほかの会社さんと一緒になってプロジェクトを作っていったりしていきたいという思いで設立しました。

一般的なスタートアップ企業は、軸になるサービスやプロダクトによってあたらしい市場や価値を作っていくものだと思います。わたしたちはそれらとすこし異なり、プロジェクト単位

でテクノロジーをわかりやすく見せたり、身近に感じてもらえるような方法を考え、社会に実装していくという手段をとっています。

そんな思いを同じように持った企業から、モノが欲しいということではなく、「ハイテクだけど親近感を感じてもらいたい」というような、叶えたい想いをベースにしたお仕事依頼をいただけるのがとてもうれしいですし、やりがいがあります。

2015年秋には、全国の三越伊勢丹グループで同時開催されたキャンペーン（テクノ・ブローチ チャリティキャンペーン）のために、光るアクセサリーキットをプロデュースしました[*2]。販売するだけではなく、店員さんたちが自分でカスタマイズして身に付けたり、店内装飾に活かしたり、ワークショップも開催したりといった、お店をあげたプロジェクトに参加させてもらう機会でした。すでに作った製品を売るのではなく、まだないものをデザインして実際にハードウェアを生産することは、大変な面も多いです。しかし、コミュニケーションを重ねる中でプロジェクトに関わる人たちの想像力がドライブして実体化していくダイナミズムは、ほかでは得難い面白さがあります。「こういうものが欲しい！」と意気投合しながら作り、できあがった時、「良い物ができたね！」とともに感動できるお仕事ができるのはとても楽しいものです。（「こういうものが欲しいから作って欲しい」といった具体的なニーズにも、わたしたちは当然お応えします！）

今後、会社としては、教育現場などで使ってもらえる教材のような分野にもっと力を入れていきたいと思っています。テクノ手芸部が掲げている『作るを作る』というテーマは、少子化

や理数離れが問題化している今日、より重要度を増していきそうです。また、科学技術分野など高度に専門化された領域のPRやアウトリーチのための企画立案や実装も、株式会社オブシープの"テクノロジーを身近に感じてもらう業"のひとつとして広げていきたいと考えています。

―――

*1 布地に導電糸で縫い付けて使うArduinoの一種。
*2 絶滅が危惧される日本の猛禽類保護を目的にしたチャリティキャンペーンで、3色のフェルトのシマフクロウ型電子回路アクセサリーキットを制作。

PROFILE ◎ テクノ手芸部（http://techno-shugei.com/）は、かすやきょうことよしだともふみによって2008年に結成されたアートユニット。電子工作と手芸を組み合わせた作品を「テクノ手芸」と名付け、新しいものづくりを提案してきた。ふわふわかわいい作品づくりでおなじみだが、パカッと開いたお腹のイクラが光るフェルト製のシャケ「光るイクラのシャケ」（図20-2）や、手
を近づけると転ぶキリンのロボット「気を引くために自ら転ぶキリン」といったお茶目な作品も制作する。2014年には法人化、株式会社オブシープ（http://ofsheep.com/）を設立。得意のプログラミングやテクノロジーの知識、ユニークな発想を、企業や社会に提供する事業を加速させようとしている。

（写真：かくたみほ）

21 INTERVIEW
石渡昌太（機楽株式会社）

Kickstarter[*1]で日本人で初めて目標を達成したプロジェクトが「RAPIRO（ラピロ）」[*2]だ。RAPIROは、低価格ながら12個のサーボモーターとArduinoを内蔵、動きをプログラミングできるホビーロボット。仕掛け人の石渡昌太さんにその戦略を聞く。

Make: ｜機楽は受託開発の仕事をしつつRAPIROのような自社製品の開発も行っています。収益の比率などを教えてください。

石渡 ｜機楽株式会社の昨年（2014年）の決算は、売上げではRAPIROが7割以上ありました。一方、利益では受託開発のほうが多いですね。RAPIROで利益が出ていないのは、去年RAPIROの金型代を支払ったためです。RAPIROは把握している範囲で1,700台以上は売れています。Kickstarterでは海外の支援者が7割でしたが、いまスイッチサイエンス[*3]さんから売れているのは8割が国内ですね。

Make: ｜高専時代はロボコン中心の生活だったと聞きました。

石渡 ｜父の仕事の関係で、4歳くらいのときに金沢へ引っ越してそこで育ちました。石川県には高専がふたつあり、国立で授業料が安い石川高専へ進学しました。1999年のことです。高専へ進んだのは、テレビで見た高専ロボコンに出たかったから

です。甲子園を目指すために野球の強い学校へ行くのと同じ感覚ですね。就職のことは考えず、5年間の在学中はロボコンに打ち込みました。授業はロボコンには直接関係のない内容が多かったですが、ロボットを作っていると実際に工学的な課題に直面します。

　故障しないためにはどのように設計したら良いのかというのが工学という学問で、作ったロボットが壊れてしまったときに、せん断応力や曲げモーメントはなるほどこういうことなんだな、と実地に理解できました。ロボコンをやっていた関係か成績はよく、大学の3年次へ編入できる推薦を取れました。授業料の関係で国立しか考えておらず、推薦で行ける東京の大学ということで電気通信大学へ編入しました。学科は知能機械工学科です。

　大学でもロボコンチームに所属しました。大学生が出場できるロボコンはいくつかあります。大道芸の技を競うロボットグランプリ[*4]では、中華街で見るような龍が踊るロボット「龍舞」で優勝しました。大学院へ進学すると、ロボコンは不利になります。大学生が対象のロボコンには出場できず、社会人の大会には企業のエンジニアがひしめいています。本職がお金をつぎ込んで製作したロボットに大学院生のホビーロボットでは太刀打ちできませんでした。

Make: | 大学院ではロボットの研究を続けたのですか。

石渡 | 大学院へ進学した2006年の夏休みにインターンシップを始めました。そこで週6日で働き始めて、そのまま大学には行かなくなりました。大学院で研究していたのはエンジニアリングですが、インターンは営業職で探しました。というのは自分

は普通に就職しても同じ会社にずっといるイメージがなく、たぶん3年くらいで辞めるだろうと思っていたからです。会社を辞めても仕事を取れるようになっておきたい、それには営業職がいいだろうと考えました。

インターンに入ったのは、食品の卸会社です。冷凍のエビやイカ、カニを扱うところでした。そこには当時としては珍しく、学生だけで部署を運営できるインターンシップがありました。この会社は、持ち帰り寿司のチェーン店やスーパーのちらし寿司に入れるネタを卸していて、大手に卸して少し余ったぶんを、学生が好きに売ってよいというインターンです。個人でやっている回転寿司や仕出し屋さんを自分で調べて営業し、売ってくるということができました。ほかの営業のインターンはルート営業やテレアポが多かったのですが、そういうのは自分にとって役に立たないと思っていました。学生のうちは大人の世界ってわかりませんよね。このインターンで企業間の取引の仕組み、ビジネスの概要を学ぶことができました。

Make: | 食品卸のインターンからロボットの製作に至るまでのいきさつを教えてください。

石渡 | 卸のインターンは3か月という契約で、次はWebデザイナーのインターンになりました。機械工学が専門で営業ができても、売れるものを作るには見た目をよくできなければいけないと考えてのことです。学校に入り直す方法もありましたがお金がもったいないし、仕事のほうが断然勉強になる、お金をもらいながら勉強すればいい、と最初のインターンで感じていました。同時に、電気通信大学の稲見昌彦先生[*5]（当時）の紹介で、夜は明和電機[*6]のアトリエの手伝いをしていました。そ

うするうち、あるロボット大会で入賞したのが縁でアールティ[*7]に参加しました。このときWebデザイナーのインターンと明和電機の仕事を両方辞めています。

　アールティではGAINER mini[*8]を作ったりしたあと、1年で辞めてフリーランスになりました。それが2009年です。仕事はちゃんとありましたね。友達のWebサイトを作るのを手伝ったりしました。同時に、デザインフェスタにロボットを展示するというのを始めました。「スファエラ」という歩いたり踊ったりするロボットです。これはのちに「きゅーちゃんロボット」という、ケーブルテレビ会社のマスコットのロボットになりました。その後、ユカイ工学[*9]に誘われて事業に参加しました。それと同時期にneurowear[*10]からnecomimi（ネコミミ）[*11]の開発の相談があり、試作開発に携わりました。

　クラウドファンディングのKickstarterを知ったのはこのころですね。ちょうどスマートウォッチの「Pebble」[*12]が出ていた時期で、当時すでに億単位でお金が集まり始めていました。

Make: ｜石渡さんが最初にクラウドファンディングにかけたプロジェクトは「Tailly（テイリー）」[*13]ですね。これはなぜ目標達成できなかったと考えていますか。

石渡 ｜ Taillyは日本のクラウドファンディングであるCAMPFIRE[*14]で支援を募りました。このときは800万円が目標だったのですが200万円しか集まらず、製品化プロジェクトは現在停止中です。Taillyはお金は集まりませんでしたが、YouTubeでの再生数はRAPIROより多いんです。人気は高かった、ただしクラウドファンディングの中心ではない層に人気があった、ということなんです。necomimiもTaillyも18〜24歳

の女性からのアクセスが一番多く、コスプレをやっているような女性に興味を持たれている。次に人気があるのが同年齢の男性です。ただこの年齢層はクレジットカードを持っていないし、オンラインでものを買うということをしません。つまりクラウドファンディングでこの層をターゲットにしても、目標金額を達成できないということがわかりました。クラウドファンディング中のTaillyに応援メッセージをたくさんいただくんです。「お店に並んだら絶対買います」って。でも今お金を出してくれないとお店に並ぶこともないんだよ、と言いたかった。

Make:｜RAPIROのプロジェクトを立ち上げた経緯を教えてください。

石渡｜RAPIROを作ったのは、Taillyでお金が集まらなかったからです。Kickstarterにお金がたくさん集まっているのを見て考えたのは、ここに日本人がいないのはおかしいということでした。necomimiは、プロモーション動画をYouTubeに上げたら1週間で100万回再生されたことで注目されました。YouTubeにPVをアップロードすれば簡単にそういうことが起きる。これを再現すれば日本人でもKickstarterでお金を集めることができるはずだと考えました。海外では自分の顔写真をそのままアイコンにする人が多いですが、Kickstarterで支援した人のアイコンを見ているとおじさんが多いんですよ。だからおじさんに受けるものを作るべきだなと。Kickstarterには当時、6脚のロボットや、iPhoneを載せてキャタピラで動くロボットなどが出ていましたが、かっこいいものがないと思いました。「ガンダム」や「トランスフォーマー」はアメリカでも放送されていて人気があります。ああいうロボットはアメリカ人にとっ

てもネイティブなんです。そのあたりの感覚は日本人と同じだから、おじさん向けに日本ふうのロボットを作ったらいけるんじゃないだろうかと考えたんです。

　またプロダクトの開発として基板だけ作るのはけっこう簡単で、Kickstarterにもそういうプロジェクトが多いです。金型を起こすのは大変だけれど、それができることを証明したい。金型を駆使して外装を作ることにし、Kickstarterで受けそう、つまりおじさん受けしそうで、かつ日本らしいデザインをということで形を決めていきました。

Make: | RAPIROのデザインやモデリングは石渡さんが行ったのですか。

石渡 | はい、僕が作っています。僕はデザインの仕事を取りたいと思っているのですが、「受託の仕事をしているエンジニアです」と自己紹介すると、「デザインはできない人なんだな」と思われがちです。デザインもできることを証明するにはロボットの外装を自分でデザインして、その中に機構を組み込む製品を作ればいいと考えました。RAPIROの開発は自分にとって、デザインの実績作りも兼ねていました。

Make: | クラウドファンディングに限らず、発表した製品が話題になるようにするコツはありますか。

石渡 | プレスリリースは大事です。リリースを出せばすぐにもメディアが取材に来ると思っている人が多いようですが、そんなことはありません。メディアの側からすると、プレスリリース以上の取材をするのはごく一部です。特に相手が海外にいると、顔を合わせての取材はまず無理でしょう。大事なことは取材が来たら話そうと考えるのではなく、こちらが言いたいこと、

図21-1 | RAPIROは、樹脂パーツが30個、サーボモータが12個、その他ネジやケーブル、制御基板など多くのパーツで構成されているロボット組み立てキット。価格は45,360円(税込)

記事に書いて欲しいことはすべてリリースの中に書いておくべきです。取材が来るようになるのはお金が集まってからなので、その手前にあるリリースの情報だけでメディアが扱えるようにしておくのです。そのためには写真を添付するとか、YouTubeのURLを書いておくとか、動画をダウンロードできるサイトを案内するといったことも大切です。

Make: | RAPIROの目標金額は300万円でした。Taillyの800万円よりだいぶ低いですね。これでRAPIROの設計や製造をすべてまかなったのですか。

石渡 | RAPIROは、3DプリントをJMC[*15]さん、金型や射出成型をミヨシ[*16]さん、基板の設計や製造、製品の販売をスイッチサイエンスさんが担当しています。目標金額の300万円では金型代にもなりません。スイッチサイエンスさんで売ればそれなりの数は出るだろうと思っていて、金型代はRAPIROが

売れたら払うので、それまで支払いを融通してくださいとミヨシさんに頼みました。クラウドファンディングの世界では目標金額をあえて低く抑える手法があります。たとえば300万円ではなく30万円にして目標を達成しやすくするのです。しかし、そのようにはしないことをチームで話し合いました。30万円にすると知り合いからひとり1万円、30人集めるだけで達成してしまいます。特に仕事で知り合った町工場の社長さんのつながりだと、30万円くらいはカンパ金のような感じですぐに集まってしまいます。それでは意味がない、成功したことにならない、と考えていました。知らない外国人からお金を集めて達成するプロジェクトにしようということです。

　支援者から集める資金の目標は1,000万円以上としましたが、しかしそれをそのまま、クラウドファンディングの目標金額にはしませんでした。というのは、目標金額を1,000万円と高額にすると、見た人が「これは達成しないのではないか」と考えて支援を控えてしまう傾向があるように思えたからです。一方で、目標金額を達成すると話題を呼んでもっと支援が集まるという現象が起きていました。そこでKickstarterの目標金額は300万円と低めに設定しつつ、最終的に1,000万円集めるという計画を立てて、実際そのようになりました。目標金額の300万円は2日くらいで集まり、目標を達成してからさらに伸びて最終的に1,400万円以上を集めることができました。RAPIROを買っているのは企業の研究所、大学、個人のおじさんが中心です。Maker Faireではスイッチサイエンスさん以外のブースでもRAPIROを置いてくれている人がいるそうで、うれしいですね。こちらが想定したターゲットにきちんと届いていると感

じています。

Make: | RAPIROの目標達成でどんな変化がありましたか。

石渡 | クラウドファンディングで目標達成すると、ほかのプロジェクトから「支援して欲しい」というメールがたくさん来ます。目標達成した人にそういうメッセージを送ると、アメリカの文化では支援が集まりやすいようです。Kickstarter以外のクラウドファンディングの運営会社からも、「ノウハウを教えてください」という問い合わせがいくつも来ました。しかし謝礼の話なども特になく、なぜ僕が人に教えるためだけに相手に会う必要があるのか、なぜ向こうの都合でしかない話に乗ると思うのか、不思議でしたね。

これからクラウドファンディングに出したいという方から「いろいろ教えて欲しい」という連絡が来ることもあり、そういうのは基本的に断ります。「コンサルティング料金をいただきますがよろしいですか」と言うと、たいていは「そういうつもりではなかった」という返信が来ますね。何も返して来ない人も多いです。もちろんそういう会社ばかりではなく、最初から月々数十万円のコンサルティング料をご提示いただき、アドバイザー契約を結んでいる会社もあります。また、お金はないが情熱だけはあるという方からのコンタクトもあります。そういうときはまず「お金はいくらありますか」と聞いて、本当にないのであれば投資家の方を紹介しますよとお返事します。とはいえ、たいていの方は100万や200万は用意しているので、それでプロトタイプを作ろうという話をしますね。

Make: | 受託をやめて、自社開発のプロダクトに絞ることは考えていないのでしょうか。

石渡 | ハードウェアの開発では損益分岐点に達するまで持ち出しになりますから、受託を回していないとキャッシュが足りなくなります。RAPIROはスイッチサイエンスさんに販売を委託していて、その関係でこちらのマージンは低めにしています。スイッチサイエンスさんから小売に卸すようにしているので、マージンを調整していくとうちの粗利率を低めにせざるを得ません。もし直販にして粗利率を上げたとしても、販売を管理するだけで僕のほかに社員が必要になるでしょう。キャッシュフローということを考えると、初期投資でプロダクトを作り、それが売れて現金として利益が手元に入るまでに結局1年や2年かかることになります。その間を生き抜くためには受託の仕事があるか、どこかから投資を受けて事業資金を持っているかでないとなかなかできないんじゃないかなと思います。投資や融資を受けるためにはそれなりの条件がありますし、差しあたりのキャッシュを得るための手段として受託の仕事を受けるほうが自分には合っていました。

RAPIROも投資がなければできませんでした。金型代の1,000万円はミヨシさんに後払いにさせていただきましたし、スイッチサイエンスさんから機楽への支払いは先払いにしていただきました。つまり2社に投資してもらったのと変わらないんです。両者にご迷惑をおかけしてようやく成り立ったプロジェクトでした。Kickstarterで集まった1,000万円に、スイッチサイエンスさんからの約1,000万円を加えた2,000万円がキャッシュで必要で、全体では3,000万円必要なプロジェクトだったということです。すべてのリスクを自社で負うなら、この金額がなければ回らなかったでしょう。利益が出る構造にするには製品開発

を何度かやってみないとダメだと思っていて、RAPIROにも反省点はたくさんあります。最初から利益が出る仕組みになどできません。最初はへたをすると赤字、うまくいってちょっと黒字くらいになりがちです。自社製品で利益を出すのは相当難しいと思います。

　だから、受託と自社開発の両軸があるのがいいと思っています。受託ができていざとなれば自社でも作れるとなれば、状況次第でどちらにもシフトできますよね。それが強みになると思っていて、そうなりたかったというのはあります。受託は若いから取れる面があると思います。発注担当者より年下だから仕事をもらえるということです。また、自分を積極的にブランド化しないと受託の単価が上がっていかないというのはすごく感じていて、実績作りも重要だなと思うようになりました。

　RAPIROは利益としてはプラスマイナスゼロだけれど、機楽の宣伝になっていると考えています。受託の仕事は宣伝しづ

図21-2｜ミヨシの工場に保管されているRAPIROの頭部樹脂パーツの金型（撮影：Make:編集部）

らいですから。大手のメーカーさんからの受託では、「これをやりました」とは言えないことが多いです。necomimiは受託ですが、「うちでやりました」と言える珍しいケースです。受託といえば、昔はよく来ていた「安くやってよ」みたいな話は最近は来なくなりました。これは、RAPIROで会社のブランドが向上したからでしょう。僕だけでなくミヨシさんやスイッチサイエンスさんにとっても、こういうものを作れる会社であるという実績の宣伝になっていると思いますよ。

Make: | 機楽が手がける次の自社開発プロジェクト、何を考えていますか。

石渡 | 経済産業省のフロンティアメイカーズ育成事業[*17]に採択された「かわいいロボット掃除機」[*18]を商品化したいと思っています。かわいいデザインのものが多いのは、僕自身そういうのが好きですし求められていると感じるからです。Kickstarterを見ているとアップル風の格好いいデザインは多いですが、かわいいものはあまりないので差別化しようということです。アメリカ人はかわいいものを作りませんね。アメリカ人はかわいいものも好きなんですが、製品を作るとアップル風になる。アップル風のデザインはみんなやっているので、特徴が出にくいと思います。

　機楽はずっとひとりでやってきましたが、いま新卒の人を雇おうと手続きを進めています。以前からアルバイト的に手伝ってもらっていた中国人の女性です。売り上げが増えてくると雑用ができる人が欲しくなってきました。今後は中国でも製品を作りたいと考えていますが、言葉の壁がやはりあって、たとえば質感のニュアンスを伝えることが難しかったりします。彼女

は中国語と日本語、英語ができるので助かりますね。

- *1 https://www.kickstarter.com/
- *2 http://www.rapiro.com/ja/
- *3 https://www.switch-science.com/
- *4 http://www.robotgrandprix.com/
- *5 光学迷彩の開発などで知られる研究者。twitter:@drinami
- *6 中小企業のスタイルでナンセンスな電気製品を開発するアートユニット。
  http://www.maywadenki.com/
- *7 http://www.rt-net.jp/
- *8 GAINERはフィジカル・コンピューティングのためのインターフェース環境でIAMAS（情報科学芸術大学院大学）の小林茂教授が開発した。GAINER miniはGAINERにサーボ制御機能を組み込んだ互換ボード。
  http://www.gainer-mini.jp/
- *9 http://www.ux-xu.com/
- *10 http://www.neurowear.com/
- *11 装着者の脳波を読み取り、集中していたりリラックスしたりしている状態に応じて動きが変化する猫耳アクセサリー。http://jp.necomimi.com/
- *12 https://www.pebble.com/
- *13 装着者の心拍数に応じて動きが変化するしっぽのアクセサリー。
  http://www.facebook.com/project.tailly
- *14 ハイパーインターネッツが運営するクラウドファンディングサービス。Taillyのページ：
  http://camp-fire.jp/projects/view/540
- *15 http://www.jmc-rp.co.jp/
- *16 http://www.miyoshi-mf.co.jp/
- *17 http://www.meti.go.jp/press/2014/02/20150220005/20150220005.html
- *18 https://www.facebook.com/shota.ishiwatari/videos/1102880556405386/

PROFILE◎1984年生まれの石渡昌太は、金沢で少年
時代を過ごした。高専ロボコンにあこがれて地元の石川
高専に進学、高専での5年間はロボコンに打ち込んでい
たが、地方をベースにロボコンを戦うことに限界を感じ、
電気通信大学へ編入した。大学院に進学した後は、さま
ざまな企業にインターンとして働くことで、デザインやビ
ジネスなどテクノロジーの外の世界について実地で学び、
その経験が機楽株式会社(http://www.kiluck.co.jp/)を立ち上げてからも活きてい
る。Kickstarterを使ったクラウドファンディングを日本人ではじめて成功させたメイ
カーとして、メディアにも多数登場している。

22 INTERVIEW
湯前裕介（株式会社ホットプロシード）

九州・福岡の会社ホットプロシードは、日本のメイカーにかなり知られた存在だ。湯前社長は3Dプリンターをいち早く各地のイベントで紹介してくれた。その次はドローンを。そんな湯前さんが語る、メイカームーブメントの商業的な側面。

Make: | ホットプロシードは、3Dプリンター、光造形式3Dプリンター、レーザー加工機、ドローンとさまざまなメイカー向け製品を扱っている会社です。3Dプリンターを先駆けて手がけてヒットさせ、次のドローンも好調。湯前さんには独特の才覚、「先見の明」みたいなのがあるように見えます。

湯前 | そんなことはないですよ。それに、流行りそうだから、流行ったから扱っているというわけでもないんです。3Dプリンターはたまたま、ですよ。ドローンもたまたま。3Dプリンターは、ロボット部品を作る仕事をしていて、それを作りたいがために自分が欲しかった。だけどストラタシス社の製品は300万円もして買えないから、「CupCake CNC」[*1]を買って組み立てることになった。その流れで国内販売を引き受けて……と副産物のようなものだったんです。

　ドローンを個人的に究め始めたのは、プリンターより早かったかもしれない。実は私、2012年には「ロボコンマガジン」

に記事を書いています（2012年9月号特集「空飛ぶロボット」記事）。もともと私はラジコンマニアで、ラジコン歴はもう40年以上。3Dプリンターのほうで2013年から大きな波が来てたから、手を付けられる時間がなくなってしまった。自分としてはずっとドローンもやりたかったんです。おそらく、流行りの波を狙ってやっていたら、こうはいかないでしょう。私が思うに……当たるものなんて、そうそうないです。みんなに「次は何？」と聞かれると戸惑ってしまいます。

Make: ｜やっぱり聞かれるんですね。

湯前 ｜聞かれる。けれど、「これです」なんて言えないですよ。もしも仮に、それを私がわかるとしても言うと思いますか？絶対に言わないですよね（笑）。

Make: ｜そうですよね。今日は、最初の「当たり」の3Dプリンターの話からじっくり聞かせてもらいたいと思います。ホットプロシードを創業したのはいつだったのですか。

湯前 ｜2006年です。会社を作って何をするかは起業直前まで決まっていなかった。ちょうどROBO-ONE[*2]が右肩上がりだったものだから、ロボットで仕事が成り立たないかなと思って、こっち（福岡）の関係者と話をしたら「仕事があるよ」という話だったから会社をスタートさせたんです。そしたら実際にはなかった（笑）。自分で仕事を探しました。よく売れていた近藤科学さんの二足歩行ロボットのオプションパーツを作ったりしていました。最初の2年くらいは、自分でもよく食べれたな、という調子でした。

その食えない2年間の間なんです。ネットでRepRap[*3]の情報を見て3Dプリンターの勉強を始めて、そうしているうちに

Makerbotの「CupCake CNC」が登場、買うことになった。

Make: ｜日本人で最初のユーザーだったんですよね。

湯前 ｜当時のMakerbotのサイトには、シリアルナンバーと注文者名が載っていました。私は10番台で、日本人では一番上にあったと思います。注文したのが2009年の夏頃で、2009年11月に東工大で開催されたMake:Tokyo Meeting 04（MTM）にCupCakeを持って出展したんですよね。思い出すと懐かしいなぁ。あの時は、みんなきょとんと3Dプリンターを見ていたんだから。「どうやって削っているの？」と聞かれるのが普通で、「削っているわけではなくて」と1日に2,000人くらいに3Dプリンターの機構の説明をしてた。

CupCakeは自分で使っておもしろいものだから、知り合いに声をかけて10台まとめて注文することになりました。Makerbotに発注したら、1週間経っても2週間経っても返事が来ないんですよ。諦めかけたところにようやく返事が来て「注文は受けられない」と。「3,000台以上の注文が来て、対応しきれない」とのことでした。その時、大阪の某大学の研究室からも注文が来ていたんですね。けれど、こちらには大学の取引口座がないから中間業者さんに入ってもらっていたんです。その業者さんに「メーカーが作れないとのことで、申し訳ないけれど返金します」と言ったら、業者さんが「うちは大学に何十年と納めていて納期を守らなかったことは一度もない。とにかく困る、どうにかしろ」とものすごく怒られたんです。

板挟みになって困り果てた時、ふと気づいた。「Makerbotはオープンソースだったな」と。1台だけなら作るか、と思ったわけ。おおよそ部品は見つかって、最後にCupCakeの木製

の筐体、あれをレーザーカッターで加工してくれるところが見つからなかったんだけれど、100軒くらい回ったらようやく小さなレーザー加工の工場が引き受けてくれました。それで、Makerbotのザック（P.131に登場）にメールしたんです。そうしたら、「Makerbotの名前は使わないで。CupCakeは商標をとっていないからOKだよ」ということで、「ホットプロシードのCupCakeで売っていいの？」と聞くと、「いいよ。日本でもムーブメントを巻き起こしてくれ」なんてことだった。1台を大学に納めました。すると今度は中間業者さんがものすごく喜んで、追加で10台の注文をくれました。またザックにメールしたら、「そっちには何台分あるの？」と聞くんです。「10台分くらい」と答えたら、「じゃあそれをアメリカに送ってくれよ」。「いやいや、それは無理だ」（笑）。Makerbotとの取引が始まったのは、その頃のことです。

Make: | ホットプロシードCupCakeは、どのくらい扱ったんですか。

湯前 | 1年間で40〜50台くらいかな。売上はそんなでもなくて、それで会社が軌道に乗ることもなくて。「こんなにいいのになんで売れないんだろう」と思っていました。その頃、福岡の工業専門学校から講師の話があり、それで食いつないだりしていたんです。結局講師は3年やったんだけれども、最後の頃には「講師をずっとやりたいわけじゃないしな」と思うようになって……あ、そうそう、私がそんな風に悩んだのは会社勤めの頃にもあって、2度目だったんです。実は、会社をやるのもホットプロシードで2度目なんです。

　私が社会人になって最初の仕事は、親父の関連で建築資材、

主にアルミサッシの取り付けでした。独立して自分の会社も興したんだけれど、バブル崩壊と同時に飛んでしまった。その後、医療設備会社に入社、手術室の設計施工管理職になりました。これはけっこう特殊な仕事で、病院の建設現場があればどこへでも行く。国内だけでなく、ODAの仕事で海外を転々としていたこともあります。ベトナム、ラオス、カンボジア……10年以上やったけれど、とにかく家に帰れないのが悩みだったんですね。拠点はその頃から福岡だったけれど、自分のアパートに年に60日しか帰れないんだもの、自分の居場所が定まらない感じで、自分のやりたいことに没頭できる環境でないことに嫌気がさしていた。この仕事を一生やるのは厳しいな、ここで人生を変えないとこのままだな、と考えて退職しました。そして、ホットプロシードを起業するんだけれど、そんな思いからの退職だったから、生活の見通しは何もないままの起業だったわけです。

Make: | 3Dプリンターが軌道に乗ったのはいつだったんでしょうか。

湯前 | 専門学校の講師を辞めようかな、と考えながら、オリジナルの3Dプリンター「Blade-1」を作りました。CupCakeは木の筐体だから、使っているうちにガタがきて精度も高まらなかったんですね。Makerbotもそれに気づいて木からメタルに変えたんだけど、そのタイミングで私もBlade-1を作ってみた。これが売れなかったらプリンターはやめようと思っていたんですよ。半年くらいは何もなくて、学校も辞めてしまったし、「いよいよ年を越せないな」の心境だったその年の暮れ、クリス・アンダーソンの本『MAKERS—21世紀の産業革命が始まる』

（NHK出版）が爆発的に話題になったんです。地元の西日本新聞が私を取材に来て、年が明けて元旦の紙面で「福岡に3Dプリンターを作る会社がある」とホットプロシードは大きな記事で紹介されました。2013年の年明けから、いよいよ3Dプリンターの大ブームがきました。そしてそこからが、また別の地獄だったんだ。

Make: え？　地獄？

湯前 そう、地獄。その頃のうちのBlade-1の生産力は、早くて2日で1台のペース。3日に1台しかできないこともあった。自分ひとりで組み立てて調整するんだから、そうですよね。3日で10台の注文がたまり、もうそれで納品は1か月後になる。お正月が明けて3週間後には、納品3か月待ちの状態になっていました。1か月後には、6か月待ち。キットではなく完成品で出荷するようにしたのは私のこだわりで、うちが最初でした。CupCakeの時に「キットから作れない」と言われたことがあって、マニアックな組み立てキットよりも完成品にしたほうが使う人も増えるだろうと、完成品での販売にしたんです。完成品の生産力が向上しないんだから、人を雇えばいいのだけれど、人を雇うことには私は興味がないんですね。自分のところで完結できるものだけを手がけていきたいというのが、そもそもの私の考え方なので。それに、このブームはいつか落ち着くとも考えていて、ヘタに手を広げたくないとも思っていました。ついには「もう作れない」状態になって、知り合いの工場に協力をお願いすることになるんだけれども。

　ブームの最中にはいろんなことがありましたよ。いまだから言えるけど、有名小売店ほとんどから取引のオファーが来まし

た。アマゾン、ヤマダ電機、ベスト電器、ビックカメラ、ソフトバンク、東急ハンズ……。全部断った。どこも相当な数を言ってきてくれたけど、「これを全部出したら後でどうなるんだろう」と恐かった。

Make: | 1社あたり最低でも何百台と注文してくるでしょうね。

湯前 | だけど、その生産資金はこちらで用意しないといけない。前金ではくれませんから。ハード製品を生産するメーカーの厳しさは、そこなんです。原材料費が必要で、ハード製品の原価率は、食品などとは違ってかなり高いんです。中には原価率6割、もっと高くなる製品もありえます。これ、ハードの値頃感はユーザーに直感されてしまうからなんですね。それにいまは、スマートフォンなど新製品が発売後すぐに分解されて公開されてしまい、原価や利益が一般人にもわかる時代になっています。ごまかしなんてできないです。原材料費が5万円のものが40万円で売れたりはしない。

　これはつまり、ハードはそれほど利益をもたらさない、ということですよ。さらに、製品が売れずに在庫となった瞬間、売れた分の利益はどんどん在庫に食われていきます。ハードの世界は、商売としてやりやすくはなくて、どちらかというとやりにくい。さらに、規模の大小はあってもハードはロットで生産されるから、原材料をかかえながら見込みの受注を適正台数生産してきっちり売り切り、在庫ゼロということもありえない。原材料の大量の備蓄、生産に失敗した不良品の山、売れ残った製品在庫まで抱えていくのがハードメーカーなんだと思う。そこに長年使っている生産機械や工具、蓄積してきたデータや人材をふくめてのハード屋なんだよね。

そういえば、当時はベンチャーキャピタルがうちにかなり来たんですよ。

Make: | 日本のMakerbotになれそうだ、と。

湯前 | 投資家側の人と話をする機会が何回もあったけれど、彼らと私らはだいぶ違う、と思いましたね。彼ら、IT系の人と仕事をすることが多いみたいで、IT系の場合はうまくいくと会社ごと売ってしまうみたいですね。「湯前さん、会社を売りますか？」と聞かれたことがあって、その質問の理由を聞いたことがあります。「ベンチャーキャピタルは会社の価値で判断する。最終的に株になるか、会社をどこかに買収してもらうか。そうでないと私らに利益は回ってこない」と言っていた。私は、「そうか、あっちは会社を売れるんだ」と思った。

　私らハード屋、ものづくりの会社は、会社を売れないですよ。特に、私には無理。長年コツコツとローンで買った機械、それが純利益を生み出してくれるには何年もかかる。やっとローンが終わった時、機械を会社ごと売って手放せる？　たしかにソフト屋さんの場合は、プログラミングする人の能力が財産でしょう。ハード屋は、旋盤をひく、フライス盤をかける。そうやってものを作っていく現実は、機械や工具と一体になって切り離せないものです。とはいえ、「この切削バイトの角度がイイんですよ」なんて私らの大事な財産についての表現は、畑違いの人には無価値に思えるでしょうし、マニアックすぎるかもしれない。ここの価値観の違いは、ものづくりで起業していく難しさにつながっているのかもな、なるほどな、と思ったりもしたものでした。

図22-1 | 日常的な開発はこの作業場で行われている

　それと、これは言っておきたいんですけど、私はいわゆるスタートアップのクラウドファンディングがあまり好きじゃないんです。なんで50万円くらいを不特定多数から集めるの？　なんで自分たちでそのくらい準備しないの？　自己資金でやれば誰にも迷惑をかけずにやれる。いま、Kickstarterなどで資金を集めてスタートする状況になってきているけど、資金が集まらなくてプロジェクトがキャンセルになったり、プロジェクトが終わったものの履行されずに終わったりも少なくない。ものづくりをする人間は、資金も自分で準備する、それが本来です。少なくとも、私はそう思う。

　もうひとつ、クラウドファンディングで会社をスタートさせると、会社の理念としても難しさを抱えたスタートになる、ということも言っておきたい。最初のプロジェクトで利益を上げることができたとして、次にどうするのか？　次の開発でもうまく利益につなげることはできるのか？　また当たるかどうかなんてわからないんだから、そこで会社の理念をねじ曲げて無

理をしていく可能性もあるんですよ。資金不足でベンチャーキャピタルを頼れば、つまづいた時点で会社ごと乗っ取られることもある。ものづくりは、資金も自分で準備していくのがいちばん堅実な道だと私は考えています。失敗しても自分の責任。それが一番よいやり方。お客さんには迷惑をかけたくないです。

Make: | ホットプロシードは会社を拡大するチャンスをすべて、見事にスルーしてきた。そして、湯前さんの会社経営の方針や理念はぶれずに残った。

湯前 | もしかすると、私は小心者なのかもしれないですね。ビビリ、なんだ（笑）。いろんな人に「湯前さんはエンジニアのままでいくのか、経営者になりたいのか」ともだいぶ聞かれたし、会社ってのは現実にはどちらもやらないとどうしようもない。そこもわかってはいるけれど、つまり私はハード屋、技術屋なんでしょう。ホットプロシードは、いまも従業員2名。在庫も、自宅にストックできる範囲でやっています。これでいい、と思っています。

　Makerbotも、ストラタシスに買収されるまで大きくなるとは予想してませんでした。でも、あの会社はザックの考えが芯だったのかもしれないですね。ザックはオープンソースを絶対に貫く、と考えていた技術屋だったわけだし。オープンソースではなくなってザックが退任したいま、ザックは過去のことをまったく気にせずに自分のやりたいことをやっているよね。で、ブレは迷走しているみたいで、私にはふたりの人生は明暗分かれたように見える。

Make: | Blade-1は、累計でどのくらい売れたんですか。

湯前 | 2012年からいままでで400台くらい。ピークは2013〜

2014年の2年間だったかな。これで会社に余力ができ、私はドローンに力を注げるようにもなりました。最近は、ドローンでいろんな話をいただいていますよ。

Make: | もっとドローンを手広くやったほうがいい、とか？

湯前 | そうそう。うち、ドローンは企業にしか販売していないので。個人には販売しない方針なんです。

Make: | 個人に販売しないなんてもったいない、と普通は思いますよね。

湯前 | 私は、小さい頃から空モノが大好きで、10代の頃は航空整備士になりたくて学校もその関連だったんです。だから、飛行物のトラブルや問題点はよくわかるんです。ドローンは、落とされるのが恐い。個人がもしドローンを落下させたら、責任を取れない可能性があるでしょう？ 企業なら、もし使用中に問題が起きても責任を負います。そこを見越して、ドローンは取り扱いを始めた時点から、企業向けだけでやっているんです。

Make: | 首相官邸やお祭りなどの事件が起きる前からその方針なんですか。

湯前 | 長年の経験から事前にわかっていたんですね。またドローンの機材については、3Dプリンターの失敗に学んで部品からの製作もしていなくて、中国のメーカーDJIの販売代理店としてアフターフォローとメンテナンスを中心にやっています。それと空撮の代行業務。もう少し経ったら自社のオリジナル製品も出したいので、データを収集しながら設計案を練ったりもしています。国内のドローン関連の法整備が固まったら、自社開発の業務用ドローンを展開していく予定です。

　ドローンのような飛行物は、操縦テクニックが必要になるの

で、ホットプロシードとしては、講習や操縦免許にも関わっていきたいと思っています。それにドローンは車と同じで、故障したらすぐに修理に行かないと業務に支障が出ます。売りっぱなしではダメな機械なんです。メンテナンスの体制作りも必要。ドローンに関しては私は、メーカーじゃなくてメイカーとして、地域やコミュニティに貢献していきたいと考えています。

Make: | ドローンレースの活動もその一環ですか。

湯前 | そうですね。ドローンレースは、レース用の小型機複数台で競うもので、スポーツとして楽しい競技なんです。レースが広まれば、愛好者の操縦技術が向上します。レース場が各地に整備されれば、ドローンを飛ばしたい人はレース場を使うようになって、危険な場所での事故もなくなります。事故や事件による悪評もなくなって、ユーザーも増えるはず。レースが盛り上がるといろんなことが解決するはずなんですよ。九州ではすでに2015年8月からレースを開催しています。私は、まずは九州でプレイヤーを増やし、レースの開催を増やしていくつ

図22-2 | 現在ホットプロシードが販売しているレース用ドローン「E-TurbineTB250」

もり。2016年10月には、初の世界大会がハワイで開催される予定もあるんですよ。優勝賞金は10万ドルで、日本からは代表5名を選出することになっています。

Make: | もしかして湯前さん、日本代表も狙っていたり？

湯前 | （深くうなづく）……世界大会に行くとなったら、賞金も狙いたいところですね（笑）。

---

*1 MakerBot社最初期のパーソナル3Dプリンターキット。
*2 二足歩行ロボットによる格闘競技中心のロボット競技大会。
*3 2005年にイギリスのエイドリアン・ボイヤーが開発した、最初のオープンソース自作3Dプリンターのひとつ（同時期にFab@Homeも登場）。

PROFILE◎1964年に鹿児島に生まれた湯前裕介は、空に憧れる一方で、8ビットマイコンで遊ぶ少年だった。航空整備士になるために入学した学校では機械の知識や加工技術を習得し、家業を継いでからは工作の実技を身につけた。設計施工管理職に転職してからはCADで3Dデータの扱いを覚え、メカニカルな装置の知識も得た。その頃に趣味となったロボット製作ではマイコンのプログラミングを独学。興味のおもむくままにものづくりの世界で生きてきた湯前は、いつしか豊かな知識と経験を持つ実務家メイカーになっていた。全国のメイカーと企業から頼りにされている湯前は、自分の会社ホットプロシード（http://hotproceed.com/）を経営しながら、イベントに講習会にと各地を飛び回っている。

訳者あとがき

　先日、二十歳前後の美大生たちを相手に、メディアの歴史について話をする機会があった。「信じられないでしょうけど、みなさんが生まれた頃には、インターネットに企業がほとんどいなかったんですよ？」。自分で言って改めて驚いてしまう。世紀の変わり目をまたいだテクノロジーの進化にも、時の流れる速さそのものにも。

　ふと気がつけば、世の中はすごいスピードで動いている。「歴史の終わり」だとか「退屈な世紀末」だとか言われていた20世紀終盤の泰平ムードは遙か彼方へと去り、政治も経済も昨日のあたりまえが今日はそうじゃない21世紀を私たちは生きている。この急激な社会の変化を推し進めた要因として、ネットの普及に象徴される情報技術の進歩があることは、誰しも認めるところだろう。そしていま、こうしたデジタルの世界での技術革新がさらに次の段階へと進み、人間が実際に手に触れることのできる物、個人で利用できるサービスと組み合わさって、新たな地平が切り拓かれつつあるという。この動きがいわゆる「メイカームーブメント」だ。

　たとえば何か新製品のアイデアを思いついたとして、ひと昔前まではプロトタイプを作るのにもかなりの初期投資が必要とされていたのだが、いまは安価な（もしくは無料の！）CAD

ソフトを使ってパソコン上で設計し、3DプリンターやCNC装置といった便利な機械を使って比較的お手軽に形にすることができるようになった。さらに言えば、ネットを利用して資金を調達したり、作った製品を販売することだってできるのだ。テクノロジーの個人化・ツールの民主化によって生まれた物作りの新しい潮流。それはこれまでの製造業のありかたを根本から変える「21世紀の産業革命」なのだろうか？　実際のところ、具体的にはどんなことができるのだろうか？

　本書は、そんな疑問に応えるさまざまな事例を紹介したインタビューおよびエッセイ集だ。米国で2014年末に刊行された『MAKER PRO: Essays on Making a Living as a Maker』の全訳に加え、日本を拠点に活動中のメイカーたちにもご協力いただき、全部で23人の貴重な体験談が披露されている。

　すべて「やりたいことをやって生計を立てる」ことにまつわる話だが、それぞれ手掛けているプロジェクトの規模も性質も、どこに重点を置いて何を大切にしているかも、ひとりひとり大きな違いがあり、並べられることでいくつもの異なる論点が浮かびあがってくる。完全にフリーランスとしてクライアントに自らの技能を提供することで生活している人もいれば、他に定職を持ちながらいまのところは副業として小さな事業を経営している人もいる。新しく生産されるものでなく、既にある何かの余剰のリサイクルを頼りに低生産・低消費型のゆったりしたライフスタイルを追求することを選んだカップルの話があれば、大手小売業者から突然舞い込んできた大量注文に、国内外（この場合はアメリカ・中国）にまたがるサプライチェーンを猛スピードで活用することで対処した独立系電子工作キットメーカーの

話もある。ハッカースペースまたはメイカースペースと呼ばれる共同作業場の利用および運営に関しても、さまざまな立場からの意見を聞くことができる。

　ここで本書の副題に掲げられている「Maker（メイカー）」という言葉について、簡単に解説を加えておきたい。もちろん、これ以上ないほどシンプルに「作る人」を意味し、いかなる種類の技術を用いるかを問わずに能動的なアクションを想起させる力強い一般名詞である。それが本書で取りあげられているような新しい技術とともにある物作りと結びついた文脈でさかんに使われるようになったのは、2005年に米オライリー社より創刊された雑誌「Make:」の存在が大きい。かねてよりコンピューター関連の技術書を出版し、オープンソース運動を支持してきた同社が、テクノロジーの進化を踏まえた物作りに注目するのは当然の成り行きだった。メイカームーブメントはその性質からしてリーダーや中心を持たない自然発生的なものなのだが、この雑誌の創刊およびウェブサイト（ブログ）の開設によってシーンの可視化が促され、関心を寄せる人が増え、それぞればらばらに活動していたメイカーたちがお互いを発見して関係を築いていった。創刊の翌年にはカリフォルニアのサンマテオでイベント「Maker Faire」が立ちあげられ、メイカーたちの発表、交流、ビジネスそして遊びの場として今日まで成長を続けている。2014年の第9回には1,100組以上のメイカーが参加し、13万人もの来場者が訪れたそうだ。いまでは東京を含む世界各地でMaker Faireが開催され、活況を呈している。

　歴史を振り返れば、人類が日常生活に必要なもののほとんどを買って済ませるようになったのはたかだかこの数十年のこと

であって、かつては生活することすなわち物を作ることだった、という見方もできる。「Make:」初代編集長マーク・フラウエンフェルダーは、1970年から2000年の30年間を「Makerの暗黒時代」と位置づけ、第二次世界大戦後に広く行き渡った大量生産・大量消費型の使い捨て文化が人類史上の特例だったのではないか、との見解を示している。彼の言う「暗黒時代」のあいだも、行きすぎた消費社会に危機感を持った人々は、ずっとDIY（ドゥ・イット・ユアセルフ）の理念を提唱してきた。それが最先端のテクノロジーの力を得て新しい展開をみせたのが、21世紀のメイカームーブメントだと言えるかもしれない。90年代以降の日本で頻繁に耳にするようになった「ものづくり」と重なるけれどちょっと違う、ちょっと違うけれど確かに通じ合う感覚を、そこに汲み取っていただければありがたい。

　本書で紹介されているのは、すべて日進月歩のテクノロジーを各人がどのように活用してきたかの例であり、そのままマニュアルとしてまねできるものではないだろう。独立独歩で生きていくにはここまでしなくてはいけないのかと背筋が寒くなってしまうような話も少なくない。逆に「そんなにテキトーでいいの!?」とハラハラしてしまう部分も見受けられる。しかし、取り組むべき課題を見つけ、失敗から学び、飽くなき挑戦を続けるメイカーたちの姿には、総じてやりたいことをやっている人の清々しさが感じられる。同じ時代を生きる冒険者たちからの現場報告が、あなたが未来を思い描いて一歩を踏み出す、あるいは次の一手を考えるにあたっての新鮮な刺激となれば、本書の出版に携わった者のひとりとしてうれしい限りだ。

——野中モモ

◎編者紹介

John Baichtal ∥ ジョン・バイクタル

ジョン・バイクタルは雑誌「Make:」と「WIRED」の「GeekDad」ブログのコントリビューター。共著に『The Cult of LEGO』(No Starch Press)。単著に『Hack This: 24 Incredible Hackerspace Projects from the DIY Movement』(Que Publishing)。

◎訳者紹介

野中 モモ

野中モモはライター・翻訳家。自主制作の出版物を扱うオンラインショップLilmag(リルマグ、http://lilmag.org/)も運営している。主な訳書にキム・ゴードン『GIRL IN A BAND キム・ゴードン自伝』(DU BOOKS)、ダナ・ボイド『つながりっぱなしの日常を生きる ソーシャルメディアが若者にもたらしたもの』(草思社)など。

物を作って生きるには
23人のMaker Proが語る仕事と生活

2015年12月26日　初版第1刷発行

編者　　John Baichtal（ジョン・バイクタル）
訳者　　野中 モモ（のなか もも）

発行人　ティム・オライリー
編集協力　窪木 淳子、今村 勇輔
デザイン　中西 要介

印刷・製本　日経印刷株式会社

発行所　株式会社オライリー・ジャパン
　　　　〒160-0002　東京都新宿区四谷坂町12番22号
　　　　インテリジェントプラザビル 1F
　　　　Tel（03）3356-5227　Fax（03）3356-5263
　　　　電子メール japan@oreilly.co.jp

発売元　株式会社オーム社
　　　　〒101-8460　東京都千代田区神田錦町3-1
　　　　Tel（03）3233-0641（代表）　Fax（03）3233-3440

Printed in Japan（ISBN978-4-87311-747-8）

乱丁、落丁の際はお取り替えいたします。
本書は著作権上の保護を受けています。
本書の一部あるいは全部について、
株式会社オライリー・ジャパンから文書による許諾を得ずに、
いかなる方法においても無断で複写、複製することは禁じられています。